Diji Chuli Jishu Yu Anli Fenxi

地基处理技术
与案例分析

主　编　璩继立
副主编　孙中明　江海洋
参　编　李贝贝　李陈财　俞汉宁　刘宝石
　　　　郑七振　周　奎　陈　刚　魏天乐

中国电力出版社
CHINA ELECTRIC POWER PRESS

内 容 提 要

本书共分七章，主要讲述了置换法、振密（挤密）法、排水固结法、胶结法、冷热处理法、加筋法六种地基处理技术，并分别用实践中遇到的案例加以详细讲解。

本书可供地基处理技术的理论研究者和从事地基工作的工程技术人员借鉴与参考。

图书在版编目（CIP）数据

地基处理技术与案例分析/璩继立主编. — 北京：中国电力出版社，2016.4（2019.1重印）

ISBN 978-7-5123-6275-8

Ⅰ. ①地… Ⅱ. ①璩… Ⅲ. ①地基处理 Ⅳ. ①TU472

中国版本图书馆 CIP 数据核字（2014）第 173689 号

中国电力出版社出版发行
北京市东城区北京站西街 19 号 100005 http://www.cepp.sgcc.com.cn
责任编辑：关 童 联系电话：010-63412603
责任印制：蔺义舟 责任校对：常燕昆
北京天宇星印刷厂印刷 · 各地新华书店经售
2016 年 4 月第 1 版 · 2019 年 1 月第 3 次印刷
787mm×1092mm 1/16 · 11.75 印张 · 283 千字
定价：48.00 元

前　　言

随着我国经济社会的发展，许多工程逐渐转向沿海、沿河等软弱地基土地区。为使地基土能满足建筑物的承载力要求，首先要解决的就是地基的技术处理问题。然而，各种千变万化的土质在不同环境条件下，其处理方法往往也不尽相同。应该说，各种方法都有各自的特点，也有各自的适用范围，而且还与工程所在地区及环境条件相关。因此，如何选用加固处理方法，需要因地制宜，综合研究而定。

为了适应当前工程建设的需求，使广大地基处理技术的工程实践者与理论研究者对地基处理的方法有一个系统的了解。本书编者在借鉴前人实践研究的基础上进行编写。本书共分为七章，分别从置换法、振密（挤密）法、排水固结法、胶结法、冷热处理法、加筋法六种地基处理方法进行讲述。为便于读者更加形象地学习，每种方法还举以案例进行讲解。

另外，特别说明的是书中所举案例均是实际工程中遇到的，只是在工程具体位置表述时用“××”或“某”。

本书可供地基处理技术的理论研究者和从事地基工作的工程技术人员借鉴与参考，也可做为高校相关专业的学习用书。

本书由璩继立等参加编写。在编写过程中，参考了许多文献，在此向文献的相关作者表示衷心的感谢！

限于编者水平，书中若有欠妥之处，请读者批评指正，以便改进。

编者

目　　录

前言

第一章　概述……1

一、地基加固处理的原理……1
二、地基处理技术的发展历程……2
三、地基处理技术的未来展望……2

第二章　置换法……4

一、振冲置换法……4
二、石灰桩法……8
三、强夯置换法……12
四、水泥粉煤灰碎石桩（CFG桩）法……15
五、柱锤冲扩法……20
六、EPS超轻质料填土法……24

第三章　振密（挤密）法……29

一、表层压实法……30
二、强夯法……33
三、振冲法……39
四、夯（挤）置换法……42
五、砂桩法……45
六、夯实水泥土桩法……48
七、爆破法……51

第四章　排水固结法……55

一、排水固结法作用……55
二、排水固结法组成系统……55
三、排水固结法应用条件……56

四、排水固结法原理……57
五、砂井法……59
六、塑料排水带法……64
七、预压法……65
八、降低地下水位法……75
九、电渗排水法……79
第五章　胶结法……84
一、注浆法……84
二、高压喷射注浆法……98
三、水泥土搅拌法……107
第六章　冷热处理法……118
一、冻结法……118
二、烧结法……127
第七章　加筋法……136
一、概述……136
二、土工合成材料……136
三、加筋土……147
四、土层锚杆……160
五、土钉……163
六、树根桩法……175
参考文献……181

第一章 概 述

01

一、地基加固处理的原理

（一）加固目的

软土地基加固的主要目的是利用置换、改良与加筋等方法对软土地基进行改造和加固，以改善软土地基的剪切特性、压缩特性、渗透特性、动力特性等不良特性，用以提高不良地基的强度和稳定性、降低地基的压缩性、减少沉降和不均匀沉降，以满足建（构）筑物对地基的要求，保证其安全与正常使用。

地基处理有别于人工基础或桩基，它以较为简单、可靠、经济的方式处理软土地基，防止了各类建（构）筑物倒坍、下沉、倾斜等事故的发生，确保了建（构）筑物的安全。

（二）加固原理

软土地基处理的方法很多，其加固原理可分为置换、改良与加筋三种。

1. 置换

置换是指在荷载作用面上，而不是指置换深度，置换可分为部分置换和全置换，部分置换形成复合基础；全置换形成浅基础。

2. 改良

改良是指通过物理、化学或物理化学方法对软土地基进行土质改良。主要有振（挤）密法、排水固结法、胶结法、冷热处理法等。

振（挤）密法主要适用于可压缩性地基，其加固原理是通过强振或强挤使土体密实，从而提高地基土体的抗剪强度、减小土体的沉降。

排水固结法是指土体在一定荷载下排水固结，孔隙比减小，抗剪强度提高，以达到提高地基承载力的目的。

胶结法是指在地基中灌入固化物，通过物理化学反应，形成抗剪强度高、压缩性小的增强体，从而达到提高地基承载力的目的。

冷热处理法是指通过冻结或焙烧、加热地基土体，以改变土体物理力学性能而达到地基处理的目的。

3. 加筋

加筋法根据加筋的方向不同，可分为水平向加筋与竖向加筋。水平向加筋主要指在地基土层中铺设土工合成材料（土工织物或土工格栅）等的加固处理方法；竖向加筋主要指在地基中设置钢筋混凝土桩或低强度桩形成复合地基，设置土钉、树根桩而形成加筋土的加固处理方法。

一种地基加固处理方法中，其原理也并不仅仅是一种，而是多种的。例如，土桩和灰土桩既有挤密作用，又有置换作用；石灰桩既有置换作用，又有化学作用，还有热效应；砂石桩既有置换作用，又有排水固结作用。其实，在现实工程中即使是一种地基土，其加固处理的方法也并非单一，而是根据条件不同而因地制宜。

二、地基处理技术的发展历程

地基加固处理技术在我国的发展可谓源远流长，早在3000年前，我国就采用过竹子、木头、麦秸来加固地基；在2000多年前，人们早就采用了在软土中夯入碎石等压密土层的方法来对软土地基进行加固处理；灰土和三合土的垫层法，也一直是我国古代传统的建筑技术之一。新中国成立以来，我国地基处理技术的发展历程大体可分为以下两个阶段。

第一阶段：20世纪50～60年代的起步应用阶段。这一时期大量地基处理技术从苏联引进，最为广泛使用的是垫层等浅层处理法。主要为砂石垫层、砂桩挤密、石灰桩、灰土桩、化学灌浆、重锤夯实、预浸水及井点降水等方法。该阶段的地基加固处理实践，为我国地基处理技术的发展积累了很多经验和教训。但由于受科学研究、实践经验的限制，在地基处理中主要参照苏联的规范与经验，仍具有一定的盲目性。

第二阶段：20世纪70年代至今为应用、发展、创新阶段。这是我国地基处理技术发展的最主要阶段，大批的国外先进地基处理技术被引进国内，极大地促进了我国地基处理技术的应用和研究，初步形成了具有中国特色的地基加固处理技术。石灰桩、碎石桩、强夯法、高压喷射注浆法、深层搅拌法、真空预压法、砂井法等都得到了广泛的研究和应用。另外，新材料、新机械的产生，使得地基加固处理技术得到了长足发展。

三、地基处理技术的未来展望

（一）优化设计理论研究

地基处理实践的发展势必促进地基处理理论的进步，理论的进步又将指导地基处理实践的进一步发展。在加强地基处理一般理论研究的同时，应特别重视对地基处理优化设计理论的深入研究。地基处理优化设计包括两个层面：一是地基处理方法的合理选用；二是方法的优化设计。目前，许多地基处理设计仅停留在能够解决工程问题上，没有做到合理选用设计方法，更没有做到优化设计方法。今后，应加强地基处理优化设计理论的研究。

（二）新材料的开发应用

新材料的开发应用包括新型材料的开发和工业废渣、废料及建筑垃圾的利用两个方面。新型材料主要是指土工合成材料的开发，如目前常用的土工织物、土工膜、土工格栅、土工网、塑料排水带等。新型土工合成材料具有特殊的性能，能够明显改善地基土的性能，提高地基承载力、减小沉降和增加地基的稳定性。土工合成新型材料的发展必将促进地基处理新技术的发展。

近年来，利用工业废渣、废料和城市建筑垃圾处理地基的研究也取得了可喜的进步，如采用生石灰和粉煤灰开发的二灰桩复合地基、利用废钢渣开发的钢渣桩复合地基、利用城市建筑垃圾开发的渣土桩复合地基。这些工业废弃物的利用，是对我国生态文明建设、绿色工程建设的有益探索，可取得经济与生态的双重效益。

（三）先进施工机械的研制

目前，在地基处理领域，我国施工机械能力与国外差距较大。如深层搅拌法、振冲法、高压喷射注浆法等工法的施工机械性能，与国外相比有着较大的差距。在引进国外先进施工机械的同时，更应重视自主创新能力的培养，积极研制国产高性能的先进施工机械，这必将是未来地基处理发展中急需解决的问题之一。

（四）新工艺新技术的发展

地基处理理论的深入研究、新材料的开发、先进施工机械的研制必将促进地基处理的新工艺、新技术发展。新工艺和新技术必将带来更好的技术效果和经济效益，发展地基处理的新工艺、新技术也是工程建设的需要。

（五）多种地基处理技术的综合应用

土的种类千变万化，即使同一种土在不同条件下也具有不同的特征，因此，地基处理的方法并非单一不变，往往是要根据不同条件、环境而采用多种方法综合处理。随着地基处理技术水平的提高，多种地基处理技术的综合应用将是我国地基处理技术发展的一个新动向。

第二章　置 换 法

02

采用爆破、夯击、挤压和振动及加入抗剪强度高的材料等方法，对地基深层的软弱土体进行振密和挤密的地基加固方法称为置换法。置换法适用于软土厚度>3m 的中厚软土的加固，分布面积广的软基加固处理，其加固深度可达到 30m。

通过振动、挤压使地基中土体密实、固结，并利用加入的具有高抗剪强度的桩体材料置换部分软弱土体中的三相（气相、液相与固相）部分而形成复合地基，达到提高抗剪强度的目的。

置换法的主要加固方法：碎石桩法（振冲置换法）、石灰桩法、强夯置换法、水泥粉煤灰碎石桩（CFG 桩法）、柱锤冲扩法、EPS 超轻质料填土法。代表方法有碎石桩法、强夯法、水泥粉煤灰碎石桩法、石灰桩法。

一、振冲置换法

（一）概述

振冲置换法又称碎石桩法。

振冲法原是国外加固承载力低的黏性土、粉土、砂土、填土类地基的一种方法，又叫振冲挤密桩技术。在 20 世纪下半叶，原联邦德国、英国等国的工程界对此加以改造，通过振冲器的振动、射水，对地基振冲置换或振冲密实处理，在边振边冲的联合作用下形成桩孔，回填石料并挤密振实，从而在地基中形成密实桩体，使复合地基承载力得到提高，因而此法又叫振冲置换法。由于各国地质地理上的差异，这种先进的施工技术在各地有不同的应用，工艺也有所不同。近年来，我国东部地区已有总结这方面的施工技术的论文，在西部较为少见。在××电厂三期水源地泵房采用此法，取得了较好的效果。由于地泵房中间有一眼或两眼机井，在振冲中防范井位偏移的技术要求很强，国内外现有的资料少，因而将此法做如下介绍：

振冲挤密桩技术即振冲置换法先使用振冲器边沿水平方向振动，在高压水流的配合下在地基上打孔，然后用碎石等坚硬材料填充并用振冲器挤密，形成碎石桩。这样既使原地基被碎石桩挤实，又使软地基中的水分被压入碎石中，从而使原地基的物理力学性能极大改善，从而提高了地基的承载力，降低了地基的沉降量。根据验算，式（2-1）、式（2-2）可以估算处理后的地基承载力：

$$F_{CL}=[1+M(N-1)]R_S \qquad (2-1)$$

$$F_{CL}=[1+M(N-1)]\times 3S_U \qquad (2-2)$$

式中 F_{CL}——复合地基容许承载力；

M——面积转换率；

N——桩土应力比；

R_S——原地基容许承载力；

S_U——原地基土的十字板抗剪强度，取平均值。

振冲置换法加固地基技术施工设备少、工艺简单、质量可靠、加固费用低廉、施工方便、工期短、经济效益良好。

（二）案例分析

1. 工程概况

××电厂三期水源地泵房，沿渭河依次建在渭河漫滩和一级阶地上，从西向东有高架单井泵房 8 座，双井泵房 2 座。取水泵房见图 2-1。由于渭河漫滩地长年种植莲菜，属常年积水地段，地基承载力差，达不到设计要求。一级阶地属过去渭河淤积的砂黏土，承载力低，地震时有发生液化的可能性。为了提高地基承载力和消除在 8 度地震烈度下发生液化的可能性，在地基施工中对滩地和一级阶地上所建的 10 个泵房地基采用振冲法加固。

图 2-1 取水泵房

2. 施工准备

（1）三通一平。

1）水通。水是振冲的主要组成部分。一是要保证水通，保证施工所需的用水量；二是注意将施工中产生的泥浆有序排入泥浆池，集中处理。压力水同高压水泵通过胶管进入振冲器水管出口，水压需 400～600kPa。振冲器的管线上设置阀门，以便随时调节水量，施工中产生的泥浆通过明沟引入泥浆池集中处理，不能直接排入农田。

2）电通。施工所需的电源，由施工单位自备 75kW 和 50kW 柴油发电机两台，施工用的三相电源，电压为 380V±20V，过高、过低都会影响施工质量及损坏振冲器的潜水电机。

3）料通。由于泵房位置比较分散，故要集中备料，以防运料路线对施工作业路线的干扰以及发生停工待料的现象。

4）场地平整。将施工现场全面清理，恢复到原始地面标高，清除地基中的淤泥、杂草和障碍物等，因为障碍物会影响振冲器的正常工作，甚至损坏振冲器，淤泥会造成塌孔。

（2）施工场地布置。根据施工场地具体情况，对场地中的供水管、电路、运输道路、排水明沟、料场、泥浆池、清水池等事项均事先布置，逐一安排。

（3）桩位的确定。平整场地后测量地面标高，按桩位设计图在现场用小木桩标出桩位，偏差不得大于 3cm。

（4）施工机具选择。主要机具是振冲器、吊车和各种水泵，振冲器是利用一个偏心体的旋转产生一定频率的水平向振力进行振冲置换施工的一种专用机械，本工程采用 ZC230 振冲器，此型号振冲器的潜水电动机功率为 30kW，转速 1450r/min，额定电流 60A，振幅 1～2mm，最大水平振动 60kN。由于本工程场地小、转场多，所以选用易于在较小施工现场进行施工的、进出场方便、最大加固深度不小于 11m 的 12t 胎式吊车和抗扭胶管式专用汽车。水泵的规格选出口水压 400～600kPa，流量不小于 40m^3/h，每台振冲器配 2 台。其他设备有：运料工具、泥浆泵、配电柜等。

（5）填充料的要求。制作桩体填料按设计要求为 3～7cm 砾石，含泥量不大于 8%，对填料的颗粒级配没有特别要求，但填料最大砾径最好不要大于 5cm，太大易卡孔。

3. 施工工艺

（1）制桩的操作步骤：机具定位→造孔→扩孔→清孔→填料。

1）机具定位。将振冲器对准桩位，开启下射水口并接通电源，检查水压、电压和振冲器的空载电流，要求水压大于 500kPa，电压等于 380V±20V，空载电流小于 25A。

2）造孔。启动施工车使振冲器以 1～2m/min 速度下沉，每贯入 0.5～1m 宜留振 5～10s 扩孔，待孔内泥浆溢出时再继续下沉，注意振冲器下沉中的电流不得超过电机的额定电流值。在造孔过程中，要记录振冲器经过各深度的电流值和时间。

3）扩孔。当振冲器达到设计加固深度以上 30～50cm 时，开始将振冲器以 5～6m/min 上提，水压减小至 300～400kPa。

4）清孔。重复上述步骤 1～2 次，如果孔口有泥块堵住应将其清除，最后将振冲器停留在设计加固深度以上 30～50cm 处，借循环水使孔内泥浆变稀，使水压保持在 400kPa，冲水清洗 1～2min，然后将振冲器提出孔口，准备填料。

5）间断下料。往孔内倒 0.15～0.5m^3 高度 0.5～1m 的填料，将振冲器沉至料中振实，这时振冲器不仅使填料密实，并使填料挤入孔壁中，从而使桩径扩大。由于填料的不断挤入，孔壁上的约束力逐渐增大，直到约束力和振冲器产生的振力相等，桩径不再扩大。这时，振冲器电机的电流值迅速增大，达到规定值 55～60A，表示该处桩体已经密实，可提出振冲器再次填料。振冲填料时宜小量给水，3m 以下水压保持在 500kPa，3m 以上减至 300kPa，以防泥砂倒灌入水管。每倒一批料进行振密，都必须记录深度、填料量、振密时间和电流。

6）重复以上步骤，自下而上制作桩体，直至成桩。

7）关振冲器、关水、移位。

（2）桩的施工顺序。由于本工程中央有一眼或两眼井，为了避免振冲施工影响井位，使其发生偏移，施工顺序采用“由里向外”的方式，对称制桩，并在邻近井位时应减幅制桩，以减少振冲对井位的影响。

（3）填料方式。

1）31 号、32 号、33 号泵房位于一级阶地，其桩制作是在地基内成孔后，将振冲器提出孔口，接着往孔内加填料，往孔内倒入约 1m 高填料，然后下降振冲器将填料振实，如此循环，直至成桩。

2）对位于莲莱地的 24～30 号泵房桩基，采用“先护壁，后制桩”的施工方法，即成孔时不要一下达到设计深度，而是先达到软层上部 1m 范围内时将振冲器提出，加第一批填料，再下降振冲器将这批填料挤入孔壁，使这段孔壁加强以防坍孔，然后使振冲器下降至下一段软土中，用同样的方法护壁。如此重复，直至设计深度，再按常规制桩。

（4）记录。振冲置换施工完毕，要及时填写制桩统计表。填写内容：桩号、制桩深度、填料量、时间和完成日期。

（5）表层处理。桩顶部约 1.5～1.8m 范围内，由于该处地基土的覆盖压力小，施工时桩体的密度很难达到要求，为此将该段挖去，铺上 50cm 砾石垫层做基础。

4. 施工质量控制

对振冲桩施工质量的控制实质上就是水、电、料三者的控制。

（1）水。要控制水量、水压，造孔时水压大于 500kPa，扩孔洗孔的水压为 400kPa，填料水压控制在 300kPa，保证水量充足，使孔内充满水可防塌孔，使制桩工作顺利进行。

（2）电。主要控制加料振密过程中的密实电流。密实电流规定值根据桩的桩径、桩长而定，本工程为 55～60A。在制桩时，值得注意的是不能把振冲器刚接触到填料的瞬时电流作为密实电流，瞬时电流有时可能达 100～120A，但只要振冲器停住不降，电流值就会立即变小。只有振冲器在固定深度留振一定时间，电流值稳定在某一数值，这一稳定电流才代表填料密实程度。稳定电流超过密实电流值，该段桩才算制作完毕。

（3）料。加填料不宜过猛，原则上“少吃多餐”，即勤加料。每批填料不要加得太多。值得注意的是在制作最深处桩体时，达到密实电流所需的填料远比制作其他部分要多。

总的说来，施工质量的控制，就是谨慎地掌握好填料量、密实电流和留振时间这三个要素。只有这三个方面都达到规定值，施工质量才有保证，才能达到预期的加固效果。

5. 总结

本工程委托××市勘察测绘院地基检测站进行地基质量检测。按照规范要求，检测试验应在振冲桩制作结束，待桩体及桩间超孔隙水压基本消散后进行。本工程检测时间定在制桩完毕后16天进行。

检测方法：采用重型2动力触探法。随机选取单元为4个，总检测桩数为32根，约占总桩数的3%以上，每单元的点位数为4处。

结果：单元工程质量达到优良等级的占总数的84.38%，达到合格标准的占100%。地基处理后的相对紧密度满足8度地震设防抗液化的要求，达到了设计预期的效果。与处理前比较，承载力提高了3倍。

××电厂24～30号10个泵房地基设计要求允许承载力为180kPa，并消除8度地震烈度下发生液化的可能性。

本工程地基处理采用振冲置换法（碎石桩法），此次处理共计882根桩，桩径80cm，桩长7～8m，桩距为1.5m，经振冲法加固处理后的地基承载力24～30号达到220kPa，31～33号达到260kPa，是设计要求的1.2～1.5倍，并消除了8度地震烈度下发生液化的可能性，效果显著。

二、石灰桩法

（一）概述

石灰桩法适用于处理饱和黏性土、淤泥、淤泥质土、素填土和杂填土地基。目前，这种建筑技术还在进一步的深入研究，使其施工工艺更加完善，适用范围更加广泛，并在设计与施工中更加地科学化、规范化，以便取得更好的经济效益。石灰桩法处理软土地基见图2-2。

图2-2　石灰桩法处理软土地基

1. 物理加固机理

石灰桩在不排土成桩过程中，对土会发生挤密效果，静压、振动、击入成孔和成桩夯实料的不同，桩径和桩距的不同，都会对挤密效果有一定影响，土质、上覆压力和地下水状况也与挤密效果密切相关。

浅层加固的石灰桩，加固土层的上覆盖压力不大，会有隆起现象发生，挤密效应不大。一般的黏性土、粉土可以采用 1.1 左右的承载力提高系数，杂填土和含水量高的素填土提高系数定在 1.2 左右，饱和黏性土则可以不予考虑。石灰桩在吸水后会发生膨胀，对挤密有加固作用，经挤密后桩间土的强度为原来强度的 1.1～1.2 倍。

石灰桩和天然地基组成复合地基，石灰桩一般承受总荷载的 35%～60%，荷载应力在桩上集中，从而使复合地基的承载力大幅度提高，这在提高地基承载力上有很重要的作用。

当下卧层强度较低时，可以增加石灰桩的数量，采用排土成桩，这样加固层的自重降低，作用在桩端平面的自重应力也相应减小，对下卧层的减载有很好的作用。

2. 化学加固作用

试验表明，石灰和粉煤灰组成的桩体反应后会产生六种化合物，新生的化合物不仅仅是单一的硅酸盐类，还有复式盐及碳酸盐类，这些都不易溶于水，在含水量高的地基中，这种桩可以很好地硬化，承载效果好。

石灰桩还可以与桩周土进行离子交换，改变黏性土的带电状态，使其土粒凝聚、团粒增大、塑性减小、抗剪强度提高。

石灰桩中的钙离子可以与胶态硅、铝发生化学反应，生成复杂的化合物。反应虽然很慢，但一旦生成胶粘剂后，土的强度就会明显提高，且具有长期的稳定性。

3. 石灰桩的龄期

石灰桩的加固机理主要有物理和化学两方面，物理的固化完成得较快，需要时间短，化学的固化作用相对用时较长。石灰桩一个月的强度可以达到半年强度的 70%左右，7 天的强度大致相当于一个月龄期的 65%左右。石灰桩的强度提升是一个漫长的过程，施工几年后经观察强度还会有所提升。桩间土的长期稳定性和天然地基也很接近。

（二）案例分析

1. 工程概况

某沿江城市新建 110kV 变电所，总建筑面积约 3600m^2。该变电所场区地势平坦，地貌形态属长江河漫滩阶地。据勘察，土层自上而下分别为杂填土、黏土、粉质黏土夹粉土、淤泥质黏土、粉砂夹粉质黏土。各土层岩性特征分述如下：

① 杂填土。层厚 1.0～1.5m，由黏性土夹生活垃圾组成，结构杂乱，土质不均。

② 黏土。层厚 3.5～4.5m，黄褐色，稍湿～湿，可塑偏软，属中压缩性土层。f_{ak}=100kPa，E_s=4.3MPa。

③ 粉质黏土夹粉砂。层厚 1.8～3.2m，褐灰色～灰色，很湿～饱和，软塑～流塑，属中～高压缩性土层。f_{ak}=80kPa，E_s=3.3MPa。

④ 淤泥质黏土。层厚 1.5～4.9m，青灰色，湿，软～流塑，夹泥炭，属高压缩性土层。f_{ak}=80kPa，E_s=3.0MPa。

⑤ 粉砂夹粉质黏土。层厚 4.1～4.8m，灰色，很湿～饱和，稍密，属中～高压缩性土层。f_{ak}=140kPa。

2. 工程设计

基础占地面积为 526m^2，原设计采用预应力混凝土管桩，桩长为 10m，总桩数 510 根，造价较高。后应建设方要求，设计人员重新进行了方案比较，经多方讨论后，决定采用人工石灰桩法来进行地基处理。

由于人工石灰桩施工深度有限，仅对地表下 5m 内②黏土进行浅层处理。本工程设计桩径 d=300mm，桩距为 700mm，正方形布置，设计桩长 4m，复合地基承载力设计值为 140kPa。

由于设计桩径 d=300mm，膨胀后实际桩径约为 330mm，外加桩边约 1cm 厚硬壳层，则实际桩径 d_1=350mm。

采用下式计算桩间土承载力 f_{ak}：

$$f_{sk}=\left[\frac{(K-1)d^2}{A_e(1-m)}+1\right]\mu f_{ak}$$

$$m=\frac{d^2}{d_e^2}$$

式中 f_{sk}——天然地基承载力特征值（kPa），本工程中，f_{sk}=100kPa；

K——桩边土强度提高系数，取 1.4～1.6，软土取高值，本工程中，选取 k=1.6；

A_e——一根桩分担的地基处理面积（m^2）；

m——面积置换率；

d——桩身平均直径（m）；

μ——成桩中挤压系统排土成孔时μ=1，挤土成孔时μ=1～1.3（可挤密土取高值，饱和软土取 1），本工程中，选取μ=1。

经计算：平均置换率 m=0.196；理论布桩总数 n=1072（实际布桩总数 1120 根），f_{sk}=118kPa。

然后，根据下式计算石灰桩复合地基承载力特征值 f_{spk}

$$f_{spk}=mf_{pk}+（1-m）f_{sk}$$

式中 f_{pk}——石灰桩桩身抗压强度比例界限值（kPa），本工程中，选取 f_{pk}=300kPa；

f_{sk}——石灰桩处理后桩间土的承载力特征值（kPa），f_{sk}=118kPa；

m——石灰桩面积置换率，取 0.196。

经计算：f_{spk}=154kPa>140kPa，满足设计要求。

3．工程施工

本工程石灰桩施工采用人工洛阳铲成孔工艺。人工洛阳铲成孔具有施工条件简单、施工速度快、不受场地条件限制和造价低等优点。

石灰桩桩体材料为生石灰和活性掺合料。规定生石灰 CaO 含量不得小于 70%，石灰块直径不超过 5～8cm。根据该场地地质条件，掺合料选用粉煤灰，材料配比为生石灰：粉煤灰=1：2（体积比）。粉煤灰含水量在 30%左右。在石灰桩施工过程中，成孔、清底、抽水、夯填、封口过程中的施工质量均进行严格把关。孔深、孔径均达到设计要求，填料均在孔口充分拌匀，而且每次下料高度都不大于 0.4m，夯填密实度大于设计配合比最佳密实度 90%。

由于生石灰与粉煤灰表现密度小于地基土，因此排土成孔石灰桩施工工艺具有使加固层减载的优点。由于桩体材料置换土体，使得石灰桩比同体积的土体重量减小了 1/3 以上，因而对软弱下卧层的压力减小，这个因素在此工程设计计算中未考虑，作为安全储备。

为使桩间土得到最佳的挤密效果，此工程施工顺序为从外向里，隔排施工。先施工最外排石灰桩，可起到隔水的作用，场地地下水因石灰桩灌孔时抽水外排而不断降低，这对于保证成桩速度和成桩质量都起到了积极作用。

石灰桩施工进度较快，全部石灰桩施工在 20 天左右。

4．工程检测及效果

石灰桩 28 天龄期的桩身强度仅为后期强度的 50%～60%，通常以 28 天检测结果确定石灰桩复合地基承载力。

本工程共对 15 根桩和桩间土 15 个点进行了静力触探检测。结果表明，桩体强度 f_{pk}=320kPa，桩间土承载力 f_{sk}=120kPa，石灰桩复合地基承载力 f_{spk}=160kPa，满足设计要求。

建筑物施工过程中进行了沉降观测，竣工后一年，沉降基本均匀且趋于稳定，满足设计要求。

5．总结

（1）一般在软土地区 7 层以下工业与民用建筑物，在地下水位很高的条件下，采用石灰桩法处理地基基础往往既经济，施工进度又较快，效果较佳。

（2）采用石灰桩法处理地基时，为防止石灰桩向上膨胀，在桩顶部分用黏土夯实，且封土厚度均不小于 0.4m。这样可使石灰桩侧向膨胀，将地基土挤密。

（3）对于软土必须进行下卧层强度验算。本工程原设计基底压力 140kPa，采用上述措施后，基底压力减至 133kPa，基底附加压力为 125kPa。根据《建筑地基基础设计规范》规定，压力扩散角为 23°。经验算，下卧层顶面处土的附加压力（P_z）与下卧层顶面处土的自重压力（P_{cz}）之和小于软弱下卧层顶面处经深度修正后的地基承载力设计值（f_z），因此，软弱下卧层验算满足要求。

（4）石灰桩复合地基不同于一般的柔性桩复合地基，例如，石灰桩的减载作用、排水固结作用、挤密作用等，均是深层搅拌桩复合地基所不具备的，因此，石灰桩复合地基的设计有其特殊性，建议根据工程的实际情况综合应用。

三、强夯置换法

（一）概述

强夯置换法是指利用重锤夯击排开软土，向夯坑内回填块石、碎石、砂或其他颗粒材料，最终形成块（碎石）墩，块（碎石）墩与周围混有砂石的夯间土形成复合地基，其承载力和变形模量有较大的提高，而块（碎）石礅中的空隙为软土孔隙水的排出提供了良好的通道。经过强夯置换法处理的地基，既提高了地基强度，又改善了排水条件，有利于软土固结。强夯法施工现场图见图 2-3。

图 2-3　强夯法施工现场

（二）案例分析

1. 工程概况

该工程位于宁波市镇海工业开发区××区域工业厂房项目，典型车间设计为排架结构，柱距 6m，柱下独立基础及砖墙下条形基础，18m 跨预制空腹屋架、钢筋混凝土槽形屋面板。

上部建筑设计对地基的要求主要有以下几点：

（1）经处理后的地基承载力特征值：200kPa（柱下独立基础）、150kPa（车间内部地坪）。

（2）置换后的碎石墩深度：6m（柱下独立基础），4.5m（车间内部地坪）。

（3）沉降要求。单个柱基最大沉降不大于100mm，建筑物主体沉降引起的倾斜率不大于相邻柱中心距的0.002，车间内部地坪最大沉降量不得大于80mm。

2. 工程地质特征

工程所在区域原地貌为地势平坦的稻田，常有积水。由于征地拆迁完成时间较早（约在地基处理前2年），利用附近高速公路隧道弃渣进行堆载预压，弃渣高度约2m。强夯置换正是利用弃渣进行。勘探区域揭露深度范围内典型地层自上而下叙述如下：

① 回填碎石土。青灰色，中密，成分以凝灰岩碎石、块石为主，粒径2～60cm为主，局部有粒径100～200cm的大块石。厚底深度0.6～2m即弃渣。

②粉质黏土。黄色～褐灰色，软可塑，湿～饱和。该层层位较稳定，俗称宁波地区硬壳层，层底深度1.2m，平均压缩模量E_s=4.41MPa，属中～高压缩性土，地基承载力特征值f_{ak}=95kPa。

③ 淤泥质粉质黏土。灰色，流塑，饱和。局部为淤泥、淤泥质黏土，含有少量腐殖质，表层局部有薄层泥炭，该层层位稳定，普遍分布，层底深度7.9m，平均压缩模量E_s=1.83MPa，属高压缩性土，地基承载力特征值f_{ak}=45kPa。

④ 淤泥质粉质黏土。灰色～青灰色，软塑～流塑，饱和，层状土，为粉砂与淤泥质土互层状土，微层厚度约2～5mm。含少量贝壳碎片，局部有粉砂薄层，该层层位稳定，普遍分布，层底深度13.3m，平均压缩模量E_s=2.62MPa，属高压缩性土，地基承载力特征值f_{ak}=70kPa。

⑤ 砾砂。灰色，灰黄色，松散～稍密，含有黏性土，含量5%～20%，分布不均，层底深度14.7m，压缩模量推荐值为E_s=10.0MPa，属中压缩性土，地基承载力特征值f_{ak}=140kPa。

⑥ 粉质黏土。上部为褐黄色，下部为灰黄色，灰与黄斑杂状混杂，硬塑～可塑，饱和，韧性好，干强度高，局部有腐质痕迹，层底深度17m，平均压缩模量为E_s=8.19MPa，属中压缩性土，地基承载力特征值f_{ak}=180kPa。

注：干强度用来判别在干燥状态下土强度的一种定性指标。共分为4种等级：无、低、中等、高。

⑦ 砂砾石混黏性土。褐黄色，紫红色，褐灰色，中密～密实，湿、黏性土含量占20%～50%，分布不均，局部为粉质黏土混砂砾石，砾石粒径以1～5cm为主，局部有大块石，风化强烈，部分呈土状、砂状，胶结好，层底深度17.8m，平均实测标贯击数N=49.2击，属低压缩性土层，地基承载力特征值f_{ak}=240kPa，此次勘察未揭穿此层。

3. 试验与施工方案

大面积强夯施工前，在选定的区域进行了试验，投入的主要设备有：25t 履带式起重机一台（提升高度 18m，起重量 25t，自动脱钩装置），20t 夯锤（直径 1.8m，柱形），15t 夯锤（直径 2m，扁圆柱形），配套选用压路机、装载机两台、挖掘机一台、自卸汽车数台运输石碴。

试夯时先采用柱形锤（20t）进行强夯，数击（一般为 3～5 击，表层硬壳层破坏后）即出现起锤困难、陷锤等情况，无法继续施工。根据现场实际情况，决定先采用扁形锤（15t，底面直径较大）进行置换，采用对柱网点单击夯能为 2200kN·m，单点夯击 22 击；对车间地坪夯点采用单击夯能 2200kN·m，单点夯击 10 击进行置换，施工中随击数的增加，当起锤困难、地下水量较大时，及时向夯坑内补碴，再进行夯击。上述工序完成后，在试验区进行了静载试验和检查置换深度检验，结果为承载力满足设计要求，但在柱网位置置换深度达不到设计要求的 6m。经初步处理，此时的地基承载力已明显提高，25t 柱形的小直径夯锤具备了施工条件。为满足建筑物沉降要求，置换深度必须达到 6m 的设计条件，又用柱形锤对柱网夯点进行了二次置换，采用单击夯能为 3000kN·m、单点夯击 15 击的办法进行了二次置换处理。

在夯点分两个批次强夯置换完成后，及时用石碴将夯坑填平，用挖掘机挖除桩间隆起的土方，石碴填平，最终采用 15t 扁形锤，800kN·m 的单击夯能，夯点搭接 50cm，每夯点两击进行满夯，随后推土机推平场地，压路机平整压实。

4. 检测

施工结束后，随机抽取夯点进行浅层平板载荷试验和重型动探试验以及地基土工试验，下面主要介绍静载试验和动力触探检测情况。

浅层平板载荷试验设备：50t 千斤顶，1.0m^2 承载板，反力系统采用长 4.0m×4.0m 的堆载架上面堆放配重，观测系统采用徐州建筑工程研究所生产的 JCQ*503C 型的静力载荷测试仪及两个电测位移计和 50t 压力传感器。试验成果见表 2-1。

表 2-1　　试验成果表

试验编号	N4	H14	B16
试验最大荷载（kPa）	400	400	400
对应沉降量（mm）	14.07	11.41	14.00
单点承载力特征值（kPa）	200	200	200
对应沉降量（mm）	3.95	3.34	3.95

由表 2-1 可知，强夯置换处理的地基承载力特征值满足 200kPa 的要求。

为了检测强夯置换墩体的密实度和着底情况即置换深度，又进行了重型动探检测。操作中采用重 63.5kg 落锤，配备自动脱钩装置，落距 76cm，将重型探头连续、均匀贯入到墩体中，记录每 10cm 的贯入击数。

经检测表明，所测 B6 孔顶部 6.15m，H16 号孔顶部 6.2m，N8 号孔顶部 6.2m 重型动探击数高，平均击数为 62.9 击，标准值为 59.8 击，此深度范围内，强夯置换墩体呈密实状态，下部重型动探击数变小，强夯置换墩密实度降低，推测为碎石与淤泥质土的混合物，检测结果满足设计要求的 6m 深度。

5. 总结

强夯置换法处理软土地基，排水是关键，首先要挖好排水沟，排除场内积水及地下渗水，这也是置换效果的关键。本例中，在夯坑深度达到 2～2.5m 左右时，即不同程度地出现地下水，严重影响施工和处置效果，实践说明及时排水能达到方便施工、提高置换的效果。

相对于承载力控制指标而言，置换深度应当作为主要的控制指标，且施工中不易达到。采用底面直径较小、大吨位的夯锤，较大的单击夯能虽然在置换深度处理上效果明显，但在施工前期受地质条件限制，施工比较困难，应当先提高表层承载力，以保障设备顺利作业和机械、人员的安全。

为达到置换深度的指标，采用夯深坑、少喂料的办法在实际施工中效果明显，但夯坑不能太深，以不陷锤、人可以操作挂钩为限；另外，软土地基在置换后地面会抬高，在计算置换深度以及确定建筑物±0.000 时需考虑此因素。

由于强夯置换法只是利用强夯作为形成夯坑的手段，故而不受强夯理论的两遍夯孔之间的时间间隔所限，在挖除桩间隆起的土方，推平第一遍夯坑后，即可进行第二遍夯孔施工，缩短施工时间。同样，强夯理论中的有效加固深度表与软土地基强夯置换处理深度出入较大，应依据动力触探、明挖揭露等方法进行检验。

强夯置换法应用于软土地基处理，本例有其特殊性，现场有弃渣利用，场内运输距离短，费用少，较宁波地区应用较广泛的沉管灌注桩而言，施工时间短、经济效益明显。但在实际应用中需慎重选择，必须先进行试验确定施工方案，并检验试验的处理效果。

四、水泥粉煤灰碎石桩（CFG 桩）法

（一）概述

水泥粉煤灰碎石桩，又称 CFG 桩，是在碎石桩基础上加进一些石屑、粉煤灰和少量水泥，加水拌和，用振动沉管打桩机（图 2-4）或其他成桩机具制成的一种具有一定粘结强度的桩。桩和桩间土通过褥垫层形成复合地基（图 2-5）。工程实践表明，褥垫层、合理厚度为 100～300mm，当桩径大、桩距大时，宜取高值。

图 2-4　振动沉管桩机

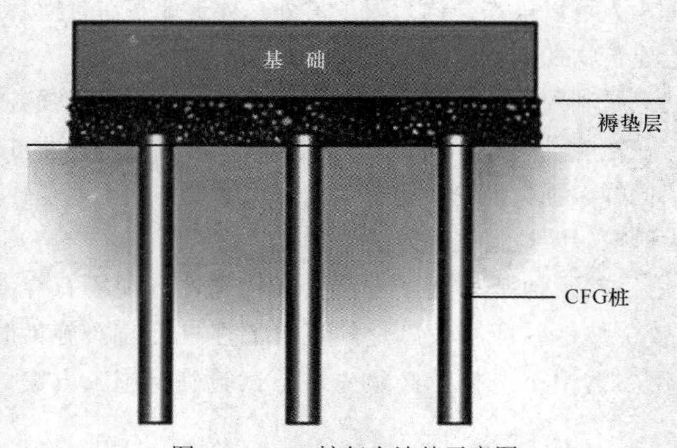

图 2-5　CFG 桩复合地基示意图

（二）案例分析

1. 工程概况

某学校占地约 13.3 万 m^2，工程范围包括教学楼（建筑面积 50000m^2，东西长 269.9m，南北宽 117m）和室外标准田径运动场、棒球场、网球场、足球训练场，道路、停车场、围墙、警卫室、园林绿化和小品等，总投资 4000 万美元，建成后成为亚洲最大的一所国际学校。

该项工程较大，甲方要求高，基础形式分别采用了独立基础、条形基础和筏形基础三种类型，基础埋深–3.5m、–4.9m、–6.5m、–7.4m 不等。地下水位有两层，标高为–0.8～3.0m 和 11.5～12m。主要地下室基础持力层在细砂层上，其他持力层还有粉质粉土和砂质粉土。根据工程特点，设计要求地基处理后承载力标准值为 300kPa。

2. CFG 桩的设计和施工组织设计

（1）CFG 桩的设计。CFG 桩的设计一般需要根据上部结构对地基的要求和工程地质条件确定桩长、桩径、复合地基置换率、桩体配方，并提供复合地基承载力和沉降计算。

本工程经二次设计后结果如下：天然地基承载力标准值取 100kPa，桩径 400mm，桩间距 1.5m，桩长 12m，正方形布置，混凝土强度等级 C20，桩数量 5387 根，混凝土数量 8120m^3；褥垫层为 200mm 厚的碎石，单桩承载力标准值为 491.91kN。经过几次讨论和计算，最后确定：

1）看台位置的地基承载力设计标准值按 200kPa 考虑，桩长由 12m 改为 8m，取消警卫室的 CFG 桩，改为灰土地基，既减少了工程量，减少混凝土用量 300 多 m^2，降低了造价，又缩短了工期。

2）征求勘察部门的意见后，地下室天然地基承载力标准值按 150kPa 进行设计。二次设计时施工单位将地下室部位桩长进行了调整，同时勘察部门对有地下室部位进行补勘，核实沉降量计算。

3）设计针对独立基础部分的 CFG 桩布置进行了微调，桩顶标高进行了修正，尽量统一标高。

4）加强深浅基础交界处的变形缝沉降观测。

（2）施工组织设计。根据本项目占地面积大（首层建筑面积约 18000m^2）、施工工期紧张（480 天）、交叉作业频繁的特点，多次进行了方案讨论，最后确定施工方案如下：

1）考虑到工程地基标高变化较大，降水作业刚刚开始布井，独立柱基础多，建议分包全部采用空孔施工。

2）首先，集中机械设备做地下 CFG 桩，为总包的土方开挖创造条件，并把地基和桩的检验试验分深、浅两部分分开进行。

3）利用 CFG 桩施工期间，做 1500 多米长的正式围墙结构（兼做临时结构）和计划明年施工的室外各种管线。

由于施工组织合理，总包、分包配合默契，工程效果明显。在不能 24h 连续施工的情况下，用 60 天的时间将 CFG 桩全部施工完毕，部分地下深基础和全部的地下主管线施工也相继完工。其中，管线的施工完毕为今后室内外全面展开创造了有利条件。

3. 施工过程控制

（1）工艺流程如图 2-6 所示。

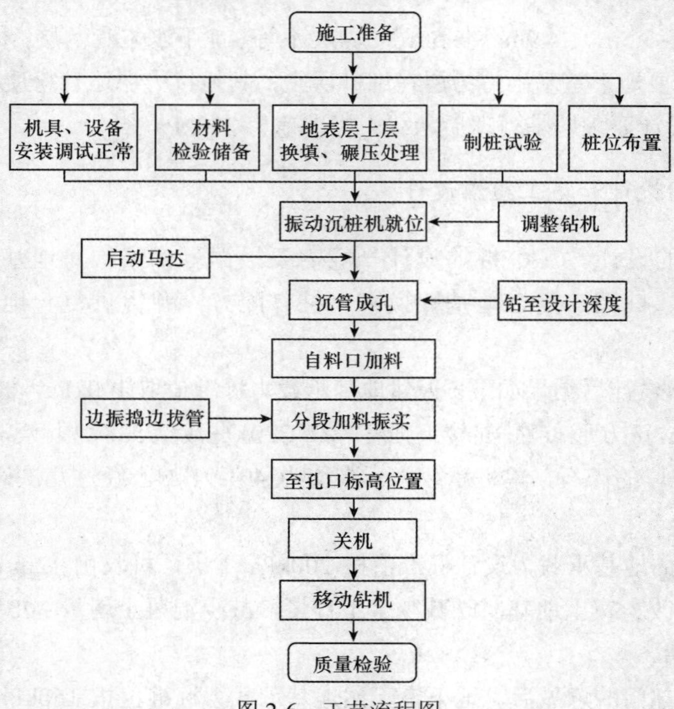

图 2-6　工艺流程图

（2）技术要点：

1）每套钻机和相应搅拌站建成后，先做试桩，确定各项成桩的工艺参数，如钻机的提升速度、混凝土的充盈系数等。

2）钻机成孔出的土如压到相邻桩的标记，应及时清理，并用短钢筋做标记，钻机行走时对桩位白灰点造成的破坏应及时补做。每天应对当天施工桩的桩位预检，由监理对桩位抽检。

3）采用能够自动调整的钻机，进场后首先用经纬仪对钻机的自动调整效果进行检查，以保证垂直度偏差在 1%以内。

4）由于是空孔作业，所以桩长控制应认真核查。根据每区最低点高程减去桩顶高程加上桩长就是成孔深度，在钻杆上和钻架上标记出桩底高度和桩顶高度，施工中随时检查。

5）混凝土压灌必须保持到桩顶高度并加高不低于 0.5m。

6）严格控制后台配合比，外加剂提前根据每盘用量计量装袋，并按有关规定做好试件。

7）由于现场面积大，搅拌站固定，随着施工的进展，泵管越来越长，再加上五六月份天气炎热，应随时注意泵管的覆盖降温工作。

8）施工到游泳馆和 3 号体育馆的位置，成孔和提钻速度变慢并不易成孔，经观察钻出的土和查看地质勘察报告，发现上述现象是因为此位置滞水层很厚所造成的，立即开通此位置刚刚完成的降水井抽水，效果较好，成桩速度立刻加快。

9）由于采用空孔作业，机械开挖的速度受到影响，查看地质勘察报告，地下室部位的土层基本一致。经过第一天的试验，在桩顶 1.2m 以上采用大型反铲挖掘机，1.2m 以下采用小型反铲挖掘机和人工配合方式开挖，效果理想。

10）褥垫层宽度不得小于桩外皮 40cm，对 20cm 厚的褥垫层分两步压实，每层虚铺 20cm 厚，同时压实密度不得小于 1.85t/m^3。

4. 桩的检验与试验

CFG 桩的检验项目包括低应变动力检测和荷载试验。

（1）低应变动力检测。本项目采用的是低应变动力检测中的反射波法，用于检测桩身混凝土的完整性，推定缺陷类型及其在桩身中的位置，也可对桩长进行核对，对桩身混凝土的强度等级作出估计。

本项目共计 5317 根桩，按 10%抽测，抽测点位均匀布置。根据规范要求，每处独立柱基不少于 10%，且不少于 2 根；条形基础按 10%抽测；每台机械每日完成的桩必须抽测，最后计算抽测的桩数共计 600 根。

被检测过的桩头需剔除至桩头设计标高，且桩顶平整；被检测桩的养护时间不得少于 15 天；当抽测桩不合格数超过 30%时应加倍抽测，如不合格桩仍超过 30%应全数检测；正式检测前，应对激振方式和接收条件进行选择性试验；每根被检测的单桩均应进行二次以上重复测试，重复测试的波形与原波形应具有相似性；由取得工程桩检测资质证书的人员担任技术负责人和审核人。

经过对全楼 600 根桩的检测，发现有缺陷的桩共计 25 根：离析桩 2 根，缩径桩 22 根，断桩 1 根。缺陷桩中，10 根集中在 J30 独立柱基础和 J17 独立柱基的基础内。经研究，决定对此位置进行处理，其他有缺陷桩分布位置不集中且经分析不影响地基承载力，不必做处理。

（2）竖向静荷载试验。基础桩布置图共分 4 个区，每区共选 6 根桩，其中 3 根做单桩承载力试验，承载力标准值为 840kN，3 根做单桩复合地基试验。单桩复合地基承载力标准值为 377kN，共计 24 根桩。

经试验，24 根桩全部达到设计要求。经荷载沉降曲线推算，单桩承载力标准值 R_k=500kN（安全系数为 1.70），复合地基承载力标准值 f_{spk}=360kPa，最大沉降量 12mm。

（3）桩的质量缺陷处理。由于 CFG 桩的成孔工艺采用空孔方法，桩顶标高很难控制，施工中采取宁高勿短的原则，保护桩普遍超过原计划的 0.5m，多在 0.8～1.2m。在地下室部分采用机械人工配合挖土时将桩挖断，基本都断在 0.7m 以内。

根据低应变检测结果，J30 独立柱基和 J17 独立柱地基，CFG 桩出现缩径，处理时采用梅花形布置桩位，桩长 4m，桩径 800mm，数量分别为 6 根和 11 根。

5. 总结

（1）CFG 桩适应性强。由于该工程占地面积大，基础类型多，使用了条形基础、筏形基础和柱基；场地土质多样，有黏土、粉土和人工填土等；地下水位变化大，从–0.8m 到

–12m 都有滞水。采用 CFG 桩都能满足工程设计要求的强度和变形。

（2）CFG 桩承载力提高。由于 CFG 桩采用了一定数量的粘结材料，所以使桩体本身具有一定的强度。相对于以松散材料所形成的桩体（例如，水泥土桩、砂桩等），承载力提高较大，地基沉降量减小。

（3）CFG 桩降低造价。CFG 桩除了充分利用桩身强度外，同时也考虑了全桩长的侧摩擦力，无论桩端落在一般土层还是坚硬土层，均可保证桩间土始终参加工作。因此，在一定荷载的情况下，可以减小桩体截面、数量，减少各种材料用量，无须配筋，还可利用工业废料粉煤灰作为掺加料，从而降低了工程造价，可达到灌注桩的 1/2～1/3。

五、柱锤冲扩法

（一）概述

柱锤冲扩桩法是采用直径 300～500mm、长度 2～6m、质量 1～8t 的柱状锤（简称柱锤，长径比 L/d=7～12），通过自行杆式起重机或其他专用设备，将柱锤提升到距地基 5～10m 高度后下落，在地基土中冲击成孔，并重复冲击到设计深度，在孔内分层填料、分层夯实形成桩体，同时对桩间土进行挤密，形成复合地基。在桩顶部可设置 200～300mm 厚砂石垫层。冲孔桩机见图 2-7。

图 2-7　冲孔桩机

柱锤冲扩桩法是在土桩、灰土桩、强夯置换等工法的基础上发展起来的。在使用初期（1994 年以前），主要用于浅层松软土层（≤4m），桩身填料主要是渣土或 2∶8 灰土，建筑物多为 4～6 层砖混住宅，加固机理以挤密为主。20 世纪末，柱锤冲扩桩桩身填料除了渣土、碎砖三合土及灰土以外，级配砂石、水泥土、干硬性水泥砂石料、低强度等级混凝土等也开始采用。

近几年来，柱锤冲扩桩法应用领域进一步扩大。为消除砂土液化，北京地区采用柱锤冲扩挤密砂石桩，处理深度 6～8m。江西利用土夹石柱锤强夯置换成桩，直径可达 1m，处理深度 10m 左右。西北地区采用柱锤冲扩灰土桩挤密桩间土，消除黄土湿陷性，深度达 15～20m。河北利用干硬性生水泥砂石料及干硬性水泥土柱锤冲扩成桩也取得了成功，桩身直径可达 0.6m，处理深度可达 10～20m。

柱锤冲扩桩法适用于处理杂填土、粉土、黏性土、素填土和黄土等地基，对地下水位以下饱和松软土层，应通过现场试验确定其适用性。工程实践表明，柱锤冲扩桩法桩体直径可达 0.6～2.5m，最大处理深度可达 30m，地基承载力可提高 3～8 倍。

在柱锤冲扩成孔及成桩过程中，通过对原状土的动力挤密、强力夯实、动力固结、充填置换（包括桩身及挤入桩间土的骨料）、生石灰的水化和胶凝等作用，使软弱地基土得到加固。

1. 冲击荷载作用分析

柱锤冲扩桩法施工中，柱锤对土体的冲击速度可达 1～25m/s。这种短时冲击荷载对地基土是一种撞击作用，冲击次数越多，成孔越深，累积的夯击能就越大。

柱锤冲扩桩法所用柱锤的底面积小，柱锤底静接地压力值普遍大于 100kPa，最高可达 500kPa 以上；强夯锤底静接地压力值仅为 25～40kPa。

柱锤冲扩桩法柱锤的单位面积夯击能可达 600～5000kN・m/m²，与同比条件下强夯比较，是一般强夯单位面积夯击能的 10～20 倍。用柱锤冲击成孔时，冲击压力远远大于土的极限承载力，从而使土体产生冲切破坏，即孔侧土受冲切挤压，孔底土受夯击冲压，对桩间及桩底土均起到夯实挤密的效应。

柱锤冲孔时，地基土受力情况如图 2-8 所示。其中，q_s 为柱锤作用在孔壁上侧向切应力；P_x 为冲孔时侧向挤压力；P_d 是柱锤冲孔引起的锤底冲击压力，P_d 的大小与夯击能、成孔深度、土质等有关。

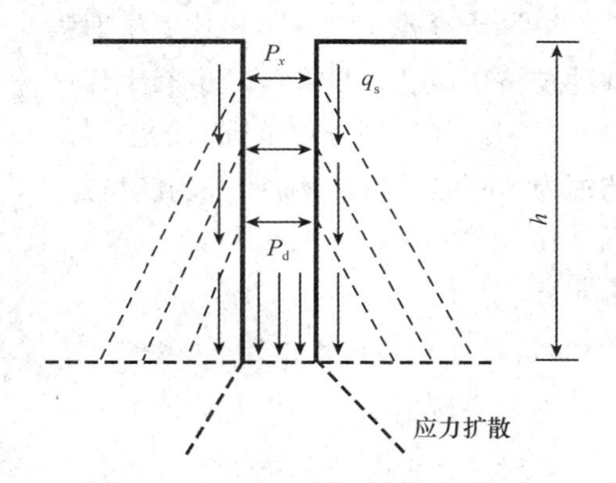

图 2-8 柱锤冲孔时地基土受力分析

柱锤对土体不仅产生侧向的挤压，而且对锤底的地基土产生冲击压力。柱锤冲扩产生冲击波及应力扩散的双重效应，可使土产生动力密实。饱和软土及中密以上土层，由于埋深浅、桩孔周围土层覆盖压力小，冲击压力较大时可能会产生隆起，造成局部土体松动破坏，因此，采用柱锤冲扩桩法时，桩顶以上应有一定的覆盖土重。

2. 柱锤冲扩的侧向挤密作用

柱锤冲孔对桩间土的侧向挤密作用可采用 Vesic（魏西克）圆筒形孔扩张理论来描述。

如图 2-9 所示，具有初始半径为 R_i 的圆筒形孔，被均匀分布的内压力 P_x 所扩张。当 P_x 增加时，围绕着孔的圆筒形区将成为塑性区。该塑性区将随着内压力 P_x 的增加而不断地扩张，一直达到最终值 P_u 为止。当圆筒形孔内压力达到 P_u 时，冲扩孔的半径为 R_u，而孔周围土体塑性区的半径则扩大到 R_p，塑性区内土体可视为可压缩的塑性固体，在半径 R_p 以外的土体仍保持为弹性平衡状态。因此，塑性区半径 R_p 即可看作圆孔扩张的影响半径，其表达式为：

$$R_p = R_u\sqrt{\frac{I_r \sec\varphi}{1+I_r\Delta\sec\varphi}} \tag{2-3}$$

$$I_r = \frac{G}{S} \approx \frac{E}{2(1+\nu)(c+q\tan\varphi)} \tag{2-4}$$

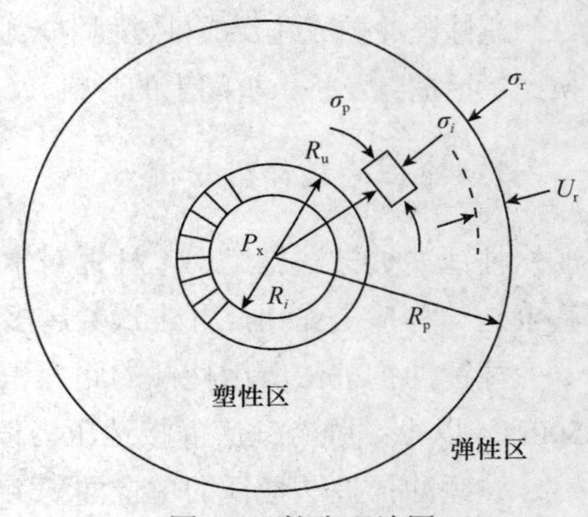

图 2-9　扩张理论图

式中　R_p——塑性区半径；

R_u——扩张孔的半径；

I_r——地基土的刚度指标；

Δ——塑性区内土体积应变平均值；

G——地基土的剪变模量；

S——地基土的抗剪强度；

E——土的变形模量；

v——土的泊松比；

q——地基中原始固结压力；

c、φ——分别为土黏聚力和内摩擦角。

当塑性区体积应变平均值Δ=0 时，塑性区半径 R_p 的表达式为：

$$R_p = R_u\sqrt{\frac{E}{2(1+v)(c\cdot\cos\varphi + q\sin\varphi)}} \tag{2-5}$$

由式（2-5）可知，塑性区半径与桩孔半径成正比，并与土变形模量、泊松比、抗剪强度等有关。根据上述理论，在扩张应力的作用下柱锤冲扩挤压成孔，桩孔位置原有土体被强制侧向挤压，塑性区范围内的桩侧土体产生塑性变形，因此使桩周一定范围内的土层密实度提高。实践证明，柱锤冲扩桩法桩间土挤密影响范围为 1.5～2.0d_0（d_0 为冲击成孔直径）。

3. 二次挤密效应

在填料成桩施工过程中，因为柱锤夯击能相对够大，桩径在填料过程中还会不断扩大，使得填料会强制性地挤入桩身周围土体，桩身周围土体也会再次被挤密，桩身周围即形成土体的二次挤密作用。

（二）案例分析

1. 工程概况

某道路规划为城市主干道，路基土体大多不能满足承载力的要求，路基场地有必要进行加固处理，本工程场地地质及水文条件具体如下：

① 湿陷性粉土层。褐色，局部夹有煤屑，中压缩性，平均层厚 4.5m，f_{ak}=80kPa；

② 粉土层：褐色，中压缩性，平均层厚 3.9m，f_{ak}=95kPa；

③ 粉质黏土层：棕色，低压缩性，平均层厚 8.5m，f_{ak}=130kPa；

④ 粉土层：褐色，低压缩性，最大厚度 4.0m，f_{ak}=165kPa。

场地 20m 深度范围内未发现地下水，II 类场地土。为加固场地土体以提高其承载力，现采用柱锤冲扩桩法对其加固，选用柱锤为 400mm 直径，3m 长度，锤重 6t。因路基的承载力要求较高，处理后的复合地基承载力特征值不应小于 200kPa。

2. 柱锤冲扩桩法施工技术

（1）成孔作业。柱锤冲扩桩地基加固方法施工时，可采用冲击、跟管和螺旋钻进等不同方法进行成孔施工，对于最常用的冲击成孔方法的主要工艺如下：

1）冲击成孔。适用于地下水位较深，上层土体不会引起坍孔现象的柱锤冲扩桩地基处理工程。

2）填料冲击成孔。柱锤冲扩成孔施工时，当出现缩径或坍孔现象，可将适量碎砖和生石灰块填入孔内，在冲击的过程中将碎砖和生石灰块挤入孔周围的软弱土体，待孔深接近设计深度时，在孔内再次填入一定量的碎砖和生石灰块，反复冲击，使孔底充分密实。

3）复打成孔。在柱锤冲扩成孔施工时，当坍孔现象严重导致成孔艰难时，可先直接冲孔到设计深度，然后再将碎砖和生石灰块分次填入孔内，待孔内填料吸水膨胀、孔内及周围土体性质改善后，再进行二次复打成孔施工。

（2）填料成桩。

1）选择成桩方法。柱锤冲扩成孔施工完成后，桩身填料前应把孔底进行充分夯实，当孔底土体较松软承载力较低时，可填入适量碎砖和生石灰等材料，并夯填挤密。依据柱锤冲扩成孔的方法及成孔施工机具的不同，桩体施工可分为孔内分层填料夯扩法、逐步拔管填料夯扩法、扩底填料夯扩法、边冲孔边填料法、柱锤强力夯实置换法。

2）夯填要求。按设定配合比拌和好的填料填入桩孔并分层夯实。成孔施工当采用套管进行时，在将填料分层填入夯实的过程中逐渐拔出套管。柱锤冲孔及填料成桩施工，填料充盈系数一般不小于1.5。每个桩孔应夯填至超过设计标高0.5m以上，桩孔上部应用黏土夯封起来。

3. 总结

（1）注意事项。

1）若柱锤冲扩桩试成桩孔时出现严重坍孔现象，且孔内有较多积水的情况时，应采取有效措施降低场地地下水位。

2）柱锤冲扩垃圾桩的材料配合比应根据设计要求由试验确定。建议桩体材料体积配合比为生石灰∶拆房土∶碎砖=1∶4∶2，对于地下水位以下的流塑状松软土层，宜适当加大碎砖及生石灰用量。

3）冲扩成孔时若出现缩颈或坍孔现象，可将碎砖和生石灰按一定比例混合填加入孔内。在冲击成孔过程中，不断将填料挤入孔壁周围土体及孔底土体时，应适当调整柱锤的落距和冲孔速度，以保证碎砖和生石灰的混合料与孔内及周围松软土层得到充分拌和。

4）当采用填料冲击成孔或二次复打成孔仍难以成孔时，也可以采用套管跟进成孔，即用柱锤边成孔边将套管压入土中，直至桩底设计标高。

5）桩体的密实程度是施工质量的关键，分层填料量、夯填度的控制，总填料量、夯填度的控制，应根据规范及设计要求的桩径和桩长在柱锤冲扩桩法加固地基施工设计时进行设定，成桩每层填料的充盈系数应大于1.5（或设计要求）。

6）柱锤冲扩法夯击能量较大，易发生地面隆起，造成表层桩和桩间土出现松动。因此，成孔及填料夯实的施工顺序宜间隔进行。当一侧毗邻建筑物时，应由毗邻建筑物向另外一方向施打。

（2）结论。

1）在柱锤冲扩桩施工过程中，通过对待处理加固场地原状土体的动力挤密、充填置换（包括桩身及挤入桩身周围土体的混合填料）、生石灰块等材料的水化和胶凝等作用，充分加固了场地的软弱地基土体，使其加固处理后的场地复合地基承载力特征值都高于200kPa，局部达到320kPa。

2）在柱锤冲孔及填料夯实施工过程中，桩周土体的侧向挤密作用和填料与桩周土体的嵌入作用，在软弱地基土体中发挥着显著的加固效果。

3）柱锤冲扩桩使场地原有的地基土体得到了有效动力置换，施工形成的柱锤冲扩桩桩身具有一定的强度和承载力，可起到良好的桩体效应。这种置换桩体依靠其自身的强度和与桩身周围土体的侧向作用来维持桩体的受力平衡，桩身与其周围土体协同工作，形成柱锤冲扩桩复合地基。

六、EPS 超轻质料填土法

（一）概述

以 EPS 材料为芯的彩钢复合板见图 2-10。

图 2-10　以 EPS 材料为芯的彩钢复合板

根据××交通科研所和××学院的研究结果，EPS 材料主要表现如下特点：

（1）EPS 材料质量超轻，密度小于 25kg/m^3。考虑其一定的吸水性，其吸水后的密度不大于 50kg/m^3，与普通填土相比，属超轻质材料。用于软基上路堤填筑可显著减少地基沉降和工后沉降；用于桥头台背回填，可大大减少台背地基和桥头之间的沉降差，可解决桥头跳车问题。

（2）EPS 在自然条件下具有物理化学稳定性，因而在路基工程中使用具有一定的耐久性。

（3）EPS 材料在单轴压缩试验条件下呈现比较典型的弹塑性，单轴压缩屈服强度超过

80kPa，弹性模量一般为 2.6MPa；单轴压缩条件下，EPS 材料存在徐变，但 40 天后材料压缩变形基本稳定。

（4）EPS 材料在常规三轴试验条件下，也呈现典型的弹塑性，其最大允许偏应力为 84kPa，且在三轴应力状态下，具有体变性，屈服应力和弹性模量随围压的增大而变小。受此影响，EPS 材料只适用于低围压填方路段或地基浅表处理。在低围压三轴剪切试验条件下，EPS 材料加卸过程中累积塑性变形小，适应于交通荷载作用条件。

（5）EPS 材料与混凝土、砂和土间的抗剪强度与正应力不存在线形关系，但随着正应力的增大而增大。在正应力达到 30kPa 后，EPS 材料块件间的抗剪强度达到最大值 20kPa。

（二）案例分析

1. 工程概况

××河大桥由于地理位置及城市规划需要，桥头引道高 7～10m。根据工程地质报告，其自上而下的地层分布为：细砂层厚 2～4m，淤泥层厚 1.8～11.0m，淤泥质黏土层 1.5～8.0m，属于软弱地层；粗砂层，松散，厚度较小，约 1.5m，粉质黏土层，由原岩风化而成，以下为强风化、中风化红砂岩。路基原设计决定利用 3～4m 厚砂硬壳层作为路基基础，路基采用附近挖方碎石土填筑。但是，在 1996 年初，由于路基施工单位填土速度过快，当填土至 5m 高度时，在桥台后约 150m 处出现滑移，下滑范围约 200m，下滑高度约 2m。路段至路基设计标高还差 1.0～4.8m。该段为填石路基，对路基下的软弱地基用常规方法处理加固非常困难，唯有采用轻质材料填筑路基，减少地基压力。为解决该问题，××道路桥梁勘察设计院与××交通科研所、××学院共同合作，决定采用在桥台后 50m 内填筑泡沫聚苯乙烯（简称 EPS）的方法解决淡澳大桥引道路基滑移问题。

2. EPS 路堤结构设计

该路基场地地层条件自上而下分别为挖方石渣：4m 左右；粉细砂层：3m 左右；淤泥层：12m 左右。

EPS 用于路堤填筑，基本的目的是使原地基应力不增加或者少增加。路堤结构方案按“置换法”考虑。为减轻软土地基上覆荷载，先推掉现有石渣填筑层厚度 1m 左右，路基路面结构自下而上分别为：

（1）砂垫层。厚 15cm，覆盖于处理的挖方碎石填筑层上，起滤渗和找平调整平整度的作用。粒径 0～5mm，如用小圆粒（粒径 6～10mm）则比砂更好。

（2）不透水的土工布或土工膜包裹层。厚度不小于 0.4mm，防止污染和路面的碳氢化合物渗入 EPS 中。布置于砂垫层底部边缘 2m 左右，然后返折沿 EPS 台阶包裹，直到埋入钢筋混凝土板下不小于 2.0m。

（3）EPS 体。铺设 4 层，成台阶布置，EPS 之间用连接件连成整体，错缝布置，铺设长度约为台背后 50m 范围。

（4）钢筋混凝土板。厚 15cm，每一侧襟边宽不超过最上层的 EPS 边缘 0.5m，以利于应力扩散及保证路堤的稳定性。

（5）EPS 体。4 层，成台阶状布置。

（6）钢筋混凝土板。厚 15cm，每一侧襟边宽不超过最上层的 EPS 边缘 0.5m，以利于应力扩散及道路的连续性。

（7）路面。根据该地区的实际条件，采用沥青混凝土路面结构，结构层总厚度为 48cm。

此外，路堤两侧边坡坡度为 1∶1.5，包边土厚度 50～100cm，道路两侧边坡内层用圆砾，外层用黏土或耕植土，以利于天然绿化。

3. EPS 路堤抗压强度验算

EPS 路堤应考虑的荷载为：自重、上覆荷载、车辆荷载、风力、汽车制动力。

（1）EPS 自重。EPS 自重很轻，拟采用的 EPS 材料表观密度为 0.2kN/m^3。

本地最高水位为+2.5m，而设计的路堤 EPS 材料底面标高为+4.5m，EPS 处于地下水位及最高潮水位以上，考虑吸水等因素，EPS 表观密度按γ_{SPE} =0.3kN/m^3 计算。

EPS 块的尺寸为 50cm×100cm×200cm，厚度 50cm，共铺设 8 层，总厚度为 4.0m。

（2）上覆荷载。作用在路堤上的上覆荷载包括路面、EPS 块体上部结构的自重、活载等，对于该路堤应考虑的荷载为：

1）钢筋混凝土层。共 2 层，总厚度 15×2cm，表观密度γ=25kN/m^3。

2）沥青混凝土路面结构层。总厚度 48cm，表观密度γ=23kN/m^3。

3）车辆荷载。设计车辆荷载汽超—20，挂—120，考虑路堤的稳定性时，堤顶的车辆荷载按最不利的情况排列，静车辆荷载 550kN，车辆荷载可换算为均布荷载 P_1：

$$P_1 = \frac{ng}{BL} \tag{2-6}$$

$$B = nb + (n-1)d + e \tag{2-7}$$

式中 n——横向分布的车辆数，取车道数，n=4；

g——每一辆车（计算荷载取重车）的重力，对于汽超－20，g=550kN；

L——车辆荷载的纵向分布长度，L=13m；

B——车辆荷载的横向分布宽度；

b——每辆车两侧车轮的中距，b=1.8m；

d——并行车辆相邻车轮的中距，d=1.3m；

e——轮胎着地宽度，e=0.6m。

把 n=4，b=1.8m，d=1.3m，e=0.6m 代入式（2-7）得 B 值，把 n=4，B 值，g=550kN，L=13m，同时代入式（2-6）得 P_1=14.46kPa。

4）EPS 抗压强度验算。由上覆荷载传递到 EPS 的应力可按式 2-8 计算：

$$\sigma_z^1 = \frac{P(1+\mu)}{(B + 2Z\tan\theta)\times(L + 2Z\tan\theta)} \tag{2-8}$$

式中 σ_z^1——EPS 顶面的应力；

P——车轮荷载（汽超—20 级，后轮荷载 65kN）；

μ——冲击系数（$\mu=0.3$）；

Z——路面及其钢筋混凝土板总厚度，$Z=63$cm；

B，L——分别为后轮着地宽度和长度（$B=0.2$m，$L=0.6$m）；

θ——扩散角（有钢筋混凝土板时，$\theta=45°$）。

对于设计路堤，车轮荷载在顶面所产生的应力为 $\sigma_z^1=39.29$ kPa。

顶面有钢筋混凝土板（厚 15×2cm）、路面结构层（厚 48cm），它们所产生的自重应力为：

$$\sigma_z^2=0.3\times25+0.48\times23=18.54\ (\text{kPa})$$

顶面的总应力为：$\sigma_z=\sigma_z^1+\sigma_z^2=39.29+18.54=57.83$（kPa）

室内试验所得到的 EPS 材料抗压强度[σ]=80kPa，5%的压缩变形所对应的抗压强度为 111.75kPa，$\sigma_z<[\sigma]$，EPS 材料强度完全满足要求。

4. EPS 路堤的稳定和沉降验算

（1）风荷载作用下路堤稳定性。××河大桥为跨海大桥，应考虑台风对路堤的作用，即风荷载作用下路堤的滑移稳定性。

该地区最大风力按 12 级考虑，风压按该地区沿海最大风压 $P=0.7$ kN/m^2 考虑，路堤靠海边一侧为迎风面，台风风压为 P_γ，在背风一侧即路堤的另一侧产生风的吸力为 P_s，两个力的方向相同。路堤高度 4.83m，按 5m 考虑，则作用于路堤的最大风荷载为：

$$F=P_\gamma+P_s=2\times0.7\times4.0=7.0\ (\text{kN/m})$$

路堤稳定条件：

$$F<Pf$$

式中 P——路堤重力：P=0.3×25+0.48×23+4×0.3=19.74（kN/m）；

f——P_S 间的摩擦系数，取 $f=0.5$，f 即为路堤 EPS 块间摩擦力。

$F=Pf=19.74\times0.5=9.87$（kN/m）>F。因此，在风荷载作用下路堤能保持稳定。

（2）汽车制动力作用下路堤抗滑稳定性。汽车制动力作用可能导致 EPS 层间的相对滑动，应验算路堤的滑动稳定性。

设汽车制动水平力为 B，EPS 间滑动面上的汽车重力及道路重力为 P，摩擦系数取 0.5，则稳定条件为 $B<Pf$。水平制动力考虑 1 辆重车的 30%，即 $B=14.46\times30\%=4.338$（kN/m），$B<Pf$=9.89kN/m，符合稳定条件。

（3）地基、路堤整体稳定性。该路基场地地层自上而下分别为：挖方石渣、粉细砂层、淤泥层。路堤已沉降稳定，EPS 路堤的设计主要按“置换法”考虑，未增加软基上的附加应力，所设计的路堤满足整体稳定的要求，经计算设置 EPS 路堤后地基的稳定系数为 1.21，也满足要求。

（4）路堤的沉降分析。设计的 EPS 路堤未增加软基上的附加应力。路基沉降基本完成时，无须考虑路堤地基土的沉降，则 EPS 路堤的沉降仅考虑 EPS 本身的压缩变形，EPS 本身的变形包括弹性和塑性变形两部分，变形量由式（2-9）计算：

$$S_{EPS}=S_e+S_p=H_0\left(\frac{\sigma_z}{E}+\varepsilon t\right) \tag{2-9}$$

式中 S_{EPS}——EPS 总的垂直变形；

S_e——EPS 弹性变形；

S_p——EPS 塑性变形；

H_0——EPS 体厚度，H_0＝4.0m；

σ_z——作用在 EPS 体表面荷载，σ_z＝18.54kPa；

E——EPS 弹性模量，根据室内试验，E＝2.6MPa；

ε——EPS 应变速率（%/年），EPS 材料的无侧限竖向徐变试验表明，EPS 蠕变应变速率近似为 0，根据国外对 EPS 材料蠕变应变速率的限制要求（工程上要求ε≤0.5%/年），取ε＝0.3%/年；

t——计算 EPS 蠕变的时间。

EPS 路堤建成，沉降量为：

$$S_{EPS}=S_e+S_p=H_0\left(\frac{\sigma_z}{E}+\varepsilon t\right)=4.19(\text{cm})$$

1 年后 EPS 路堤沉降较小，满足软土路基要求。

5. 总结

××大桥引道 EPS 复合地基施工完成后，通过观测台背压力、地基沉降和桥头锥坡表面状况，没有异常情况发生。EPS 路堤平均压缩变形 4.0cm，基本和 EPS 路堤理论压缩变形值相同，材料的蠕变不明显，路基回弹模量平均值为 789MPa，远高于普通填土路基。这些都说明，EPS 材料具有一定的强度，EPS 材料与路堤表面的钢筋混凝土板一起，可以构成稳定、满足强度和刚度要求的路堤。采用 EPS 材料由于其质量的超轻性，路堤和地基的稳定性都得到了保障，并可大大减少下覆地基的沉降，有利于减少工后沉降，解决由此引起的桥头跳车问题。

03

第三章 振密（挤密）法

振密（挤密）法的基本原理是采用一定的手段，通过振动、挤压使地基土体孔隙比减小，强度提高，达到地基处理的目的。目前，主要的方法有表层压实法、强夯法、振冲法、夯（挤）置换法、砂桩法、夯实水泥土桩法、爆破法等。

（1）表层压实法。采用人工或机械夯实、机械碾压或振动对填土、湿陷性黄土、松散无黏性土等软弱或原来比较疏松表层土进行压实，也可采用分层回填压实加固。

表层压实法适用范围：适用于含水量接近于最佳含水量的浅层疏松黏性土、松散砂性土、湿陷性黄土及杂填土等。

（2）强夯法。利用强大的夯击能，迫使深层土液化和动力固结而使土体密实，用以提高地基土的强度并降低其压缩性，消除土的湿陷性、胀缩性和液化性。

强夯法适用范围：适用于碎石土、砂土、素填土、杂填土、低饱和度的粉土与黏性土及湿陷性黄土。

（3）振冲法。振冲法一方面依靠振冲器的强力振动使饱和砂层发生液化，颗粒重新排列，孔隙比减少；另一方面，依靠振冲器的水平振动力，形成垂直孔洞，在其中加入回填料，使砂层挤压密实。

振冲法适用范围：适用于砂性土和小于 0.005mm 的黏粒含量低于 10%的黏性土。

（4）夯（挤）置换法。利用打入钢套管（或振动沉管、炸药爆破）在地基中成孔，通过“挤”压作用，使地基土得到“加密”，然后在孔中分层填入素土（或灰土、粉煤灰、碎石等填料）后而形成的复合地基。

夯（挤）置换法适用范围：适用于处理地下水位以上湿陷性黄土、新近堆积黄土、素填土和杂填土。

（5）砂桩法。在松散砂土或人工填土中设置砂桩，能对周围土体产生挤密作用或同时产生振密作用。可以显著提高地基强度，改善地基的整体稳定性，并减少地基沉降量。

砂桩法适用范围：适用于处理松砂地基和杂填土地基。

（6）夯实水泥土桩法。利用沉管、冲击、人工洛阳铲、螺旋钻等方法成孔，回填水泥和土的拌和料分层夯实，形成坚硬的水泥土柱体，并挤密桩间土，通过褥垫层与原地基土形成复合地基。

夯实水泥土桩法适用范围：适用于处理地下水位以上的粉土、素填土、杂填土、黏性土和淤泥质土等地基。

（7）爆破法。爆破法不常用，其基本原理是利用爆破产生振动使土体产生液化和变形，从而获得较大密实度，用以提高地基承载力和减小沉降。

爆破法适用范围：适用于饱和净砂，非饱和但经灌水饱和的砂、粉土和湿陷性黄土。

一、表层压实法

（一）概述

若地表软弱土层主要成分为砂土或者亚黏土，且对地基承载力的要求较低时，常选择表层压实法加固。压实过程中要严格控制压实土的含水率，如果含水率偏高，必须采取晾晒或添加一定量的石灰吸水等方式实施预压处理及分层压实。压实法的效果好坏通常取决于岩土性质、含水率、压实厚度、压实次数及压实机械性能等。

（二）案例分析

1. 工程概况

20 万吨级码头铁路调车场与 13～17 泊位装卸线工程位于海岸滩涂区，建设工期 18 个月，铺轨长 11.48km，填方 67 万 m^3，强力夯压土地面积 10075m^2，该项工程采用填海造地的方法进行建设。由于路基地下水位受潮汐影响大，施工有一定难度，如何科学地采用施工方法，直接影响路基填筑质量及工程成败。综合上述情况，经分析论证决定采用回填、强力夯压和表层碾压的施工方法，进行码头铁路调车场及铁路路基建设。本例表层压实法是第三步工序，故先要介绍头两道工序，读者可以思考三道工序的差异和特点。

2. 大面积填筑路基

（1）地质条件。区内揭露的岩土层为第四系冲填土层、第四系海相沉积层的粗砂夹砾砂层、细砂层、中砂层、粗砂层、砾砂层、碎石土层，志留系中风化泥岩、砂岩层组成，无弱下卧层各层地基容许应力在 115kPa 以上；岩层为志留系浅海相类复埋式建造沉积。区域地质构造相对较稳定。地质钻探资料显示区内工程地质较好，为采用大回填、强力夯压的施工方法提供了较好的地质条件。

（2）填筑施工。路基施工采用大面积填筑的方式组织施工，填筑面积为 83700m^2，厚度 5～9m。由于山丘离港口距离较远，完全开山填海造地成本巨大，为降低工程成本，采用开山填海与吹砂填海相结合的造地方法，前期填筑移山产生的砂岩或泥岩质碎石、块石质素填土，后期吹填海砂。地基土上部为非饱和土，下部为饱和土，路基地下水位及填土施工容易受到海潮影响。因此，应在低潮位周期中的低潮位时段完成填土施工。首先，进行基底表层清淤及底层填石挤淤工作，强化海底土质与上层填土土层的胶合；然后，尽快完成实施土方填筑、吹填海砂等工作。利用施工机械碾压或土体自重完成路基的初步压实。

3. 强夯法加固填海地基

（1）强力夯压的作用。受海潮周期时间限制，大回填的土体强度及密实度不能满足铁路路基技术要求，还需进一步加固处理，加固采用强夯法。填土结构松散，土粒周围的空隙较大，被空气和液体充满，土体由固相、液相和气相三部分组成。在强夯压缩波能量的作用下，气体部分首先被排出（因为气相的压缩性比固相和液相的压缩性大得多），随后排除空隙水，使土颗粒互相靠拢，空隙大为减少，颗粒进行重新排列，由天然的紊乱状态进入稳定状态。海砂粒的形状多为圆形，在强夯压能量的作用下，对非饱和土颗粒的位移和气体排出更为有利，即便在饱和状态下，因砂粒土渗透系数较大，也有利于气体和空隙水的排出。

（2）强夯施工。根据以上地质条件及施工方法分析，结合工程实际进行施工设计。首先填土，然后强力夯击，最后采用25t振动式压路机补充压实表层。

1）施工要求：

① 有效加固深度为7m。

② 采用重20t、直径2.4m圆形夯锤。

③ 夯击遍数为3遍。D2K0+027～D2K0+450段受相邻构筑物影响，第一遍及第二遍夯锤起落高度为6m（低落锤）。D2K0+450～D2K+590和D3K0+168～D3K0+468段第一遍及第二遍夯锤起落高度为10m。每遍均由15个点分3次完成，每遍每个夯击点夯击次数为6次。最后，再以低能量满夯1遍，锤印搭接，夯锤起落高度为5m，将表面松土夯实。

④ 强夯加固范围。长度为线路终点延伸3m，宽度单股线为14.4m，装卸线双股线为19.2m，出岔股及其他为多股线路地段，两侧外股中线两侧外延7.2m，线路居中设置。

夯击点及夯击次序平面布置见图3-1。图中第一遍夯击点与第二遍夯击点相同，即同一夯击点和次序操作两遍。

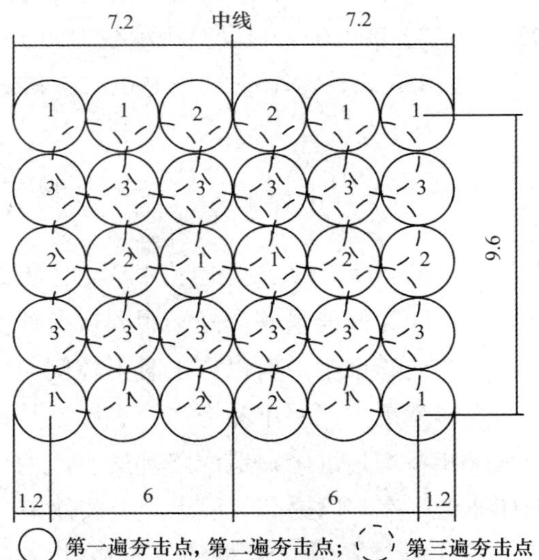

图3-1　单股线夯击点及夯击次序平面布置图（单位：m）

注：1. 1，2，3为夯击次序；

2. 第一遍夯击点与第二遍夯击点相同，即同一夯击点和次序操作两遍。

2）施工步骤。

① 将强夯处理施工区填土到路基面设计标高加夯沉量的高程，清理并整平强夯处理施工区。

② 在整平后的场地上标出第一遍夯点位置并测量场地高程。

③ 起重机就位，夯锤置于夯点位置。

④ 测量夯前锤点高程。

⑤ 将夯锤起吊到预定高度，待夯锤脱钩自由下落后，放下吊钩，测量锤顶和夯点周围地面标高。每夯击 1 次测量 1 次。按设计规定夯击次数及控制标准，完成 1 个点的夯击。移动夯机按设计要求顺序对第一遍夯击点依次进行夯击。完成第一遍夯击后，夯坑增添新土，同时用推土机填平夯坑，并测量场地标高。

按以上 2～5 步骤进行第二遍夯击，次序及布点同第一遍。

⑥ 进行第三遍夯击。按低能量满夯一遍，锤印搭接，夯锤起落高度为 5m，将表面松土夯实。

3）施工工艺和质量控制。强力夯压要控制好施工工艺和工程质量。第一遍及第二遍的夯锤落距为 10m（低落锤除外），强夯能级 2000kN・m，每遍均由 15 点分 3 次完成。第一次夯 5 个点，正方形布置，间距 6.79m。第二次 4 个点，正方形布置，间距 6.79m；第三次 6 个点，正方形布置，间距 4.8m。每个点 6 击，最后 2 击的平均夯沉量不大于 5cm。第三遍再以低能量满夯 1 遍，夯锤落距为 5m，每个点 6 击，锤印搭接。

4）地基承载力检测。工程施工结束 2 周后，对地基质量进行检查。采用超重型动力触探试验，落锤质量 120kg，落距 1m，贯入 10cm 记录击数，检测深度 7m。D2K0+027～D2K0+450 段检测点 18 个，D2K0+450～D2K+590 和 D3K0+l68～D3K0+468 段检测点 22 个。表层从地面往下，在 0.00、0.50m 处承载力较低，检测承载力 80～110kPa。从地面往下，在 0.50～7.00m 处，D2K0+027～D2K0+450 段检测承载力为 130～220kPa。D2K0+450～D2K+590 和 D3K0+168～D3K0+468 段检测承载力为 190～250kPa。地基承载力已满足设计要求。

4. 表层加固

（1）表层土密实效果分析。在夯后工程质量检测时，发现厚度 0.00～0.90m 的表层土，其密实程度要比下层土差。这是因为低能量满夯是采用同一夯锤低落距夯击，由于夯锤较重，而表层土因无上覆压力、侧向约束小，所以夯击时土体侧向变形大。该工程表层为砂土，属粗颗粒和散体，侧向变形就更大，更不易夯密。表层土是铁路的主要持力层，如处理不当，容易增加路基的沉降和不均匀沉降，造成路基病害，增加养护维修工作量。施工时，采取振动式压路机进行补充压实，以提高表层土的夯实效果。

（2）表层土压实施工。压实机具采用 25t 振动式压路机。在压实施工前，选择 50m 长度的路基进行压实试验，压实遍数取 3 遍，然后对全断面进行纵向压实。经地基土的压实检测，基床表层土相对密度小于 0.7，基床底层及以下土相对密度大于 0.7，满足设计要求。

5. 总结

××20 万吨码头铁路调车场及铁路路基工程施工任务于 2006 年 10 月 26 日完工。静置 2 周后，采用超重型动力触探和室内试验的方法，对地基质量进行检查。检测结果表明地基经加固后达到设计要求，工程质量合格。码头铁路于 2007 年 1 月底开通运营，运营两年来，路基沉降较小，线路质量稳定，施工达到设计要求。

二、强夯法

（一）概述

强夯法是一种使用重锤自一定高度下落夯击土层使地基迅速固结，从而提高地基承载力的方法，也称动力固结法，利用起吊设备，将 10～25t 的重锤提升到 10～25m 高处使其自由下落，依靠强大的夯击能和冲击波作用夯实土层。强夯法主要用于砂性土、非饱和黏性土与杂填土地基。对非饱和的黏性土地基，一般采用连续夯击或分遍间歇夯击的方法，并根据工程需要通过现场试验，以确定夯实次数和有效夯实深度。强夯法施工现场见图 3-2。现有经验表明：在 100～200t・m 夯实能量下，一般可获得 3～6m 的有效夯实深度。这是在重锤夯实法基础上发展起来的，而其加固机理又与它不一样，这是一种地基处理的新方法。

图 3-2　强夯法施工现场

适用范围：强夯法适用于处理碎石土、砂土、低饱和度的粉土与黏性土、湿陷性黄土、杂填土和素填土等地基。对高饱和度的粉土与黏性土等地基，当采用在夯坑内回填块石、碎石或其他粗颗粒材料进行强夯置换时，应通过现场试验确定其适用性。

（二）案例分析

1. 工程概况

××铁路集装箱中心站××工程位于上海市东南部，毗邻东海，占地约 61.2 万 m^2，分主箱场区、辅助箱场区、维修箱区、集卡走行区。为了确定合理的施工参数，为大面积地基处理设计与施工提供直接依据，先进行试验区的施工。试验区位于场区西北角，面积为 17050m^2（310m×55m），分为 A、B、C 三个试验区。其中，每个试验区又分为 1、2 两个小区，每个小区面积为 1800m^2（45m×40m），各个小区的具体位置见图 3-3，施工现场平面布置见图 3-4。

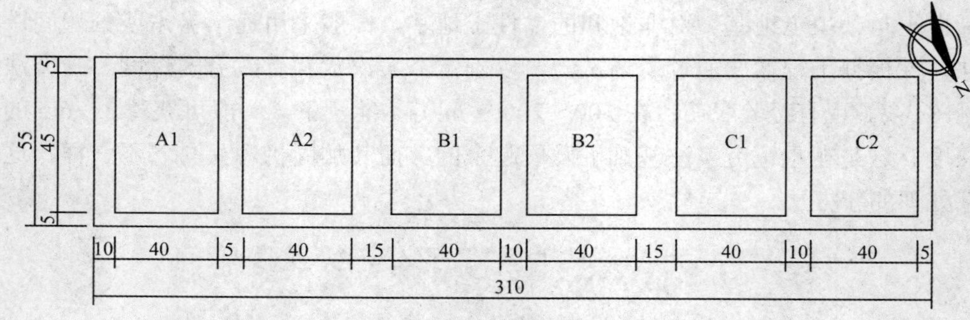

图 3-3　试验区各小区分布图

2. 工程地质条件概况

拟建场地地貌属河口、砂嘴、砂岛区。场地大部分已辟为桃源，局部建有一些民宅，场区内有两条河流穿越，沟渠密布。场区地面标高一般为+3.0～+4.0m。

① 表层广泛分布褐黄～灰色的素填土和黏质粉土层，厚度为 1.4～2.7m；

② 浅部分布灰黄～灰色砂质粉土层，层厚为 2～14m，呈松散～稍密状，原始标贯击数一般为 6～15 击，局部呈中密状，可达 16～20 击；

③ 其下发育有厚约 10m 的软黏土层；

④ 层灰色淤泥质黏土层固结系数为 C_V=0.96×10^{-3}cm^2/s；C_H=2.25×10^{-3}cm^2/s；

⑤ 层灰色黏土夹粉砂层的固结系数 C_V=3.70×10^{-3}cm^2/s，C_H=4.45×10^{-3}cm^2/s。

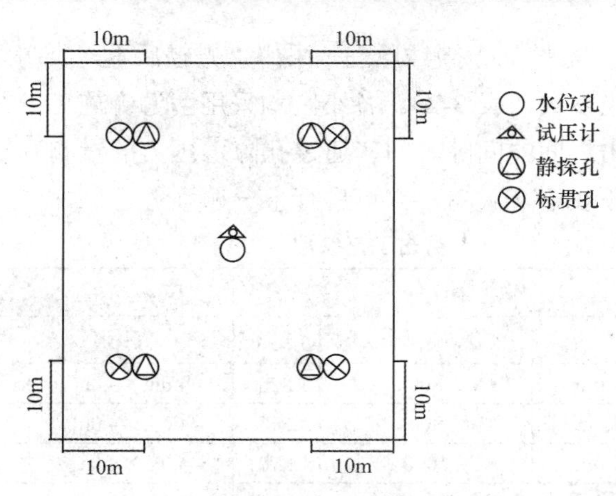

图 3-4 施工现场平面布置示意图

3. 试夯施工

（1）地基加固标准。低能量强夯处理后，场区地基在强度和沉降方面应该满足如下设计要求：

1）加固的有效深度不小于 6m。

2）振动碾压后浅层 6m 内地基（包括人工填土层）承载力大于 150kPa。

3）增加浅层地基的均匀性和刚度，为达到场地的最终不均匀沉降要求提供保证。

4）表层（包括人工填土层）2m 内地基回弹模量大于 30MPa。

5）工后沉降不大于 30cm，不均匀沉降小于 1%。

（2）检测内容与数量。检测的内容包括每遍夯后地表平均沉降，夯击过程中夯坑的夯沉量、周围地面隆起量；强夯过程中水位和孔压的变化情况；地基处理前后地基土的静力触探和标准贯入试验以及静力载荷试验。小区内水位、孔压、静探及标贯测点位置见图 3-4（各小区相同）。

（3）确定施工参数的试验区（AI～C2）施工方案。

1）降排水工艺参数见表 3-1。

表 3-1　　降排水工艺参数　　（单位：m）

试验区	第一遍						第二遍					
	间距		排距		埋深		间距		排距		埋深	
	深管	浅管	深管	浅管	深管	浅管	深管	浅管	深管	浅管	深管	浅管
A1	2	2	6	6	7	4	4		12		7	
A2	2	2	6	6	7	4		4		12		7
B1		2		5		4						
B2		2		3		4	4	4	12	12	7	4
C1	2	2	6	6	7	4	4		12		7	
C2	2	2	6	6	7	4	4		12		7	

注：浅、深层管降水相结合，浅层管和深层管相间布置。

2）夯击工艺参数。根据动力固结原理，采用“先轻后重，少击多遍”的原则确定各试验小区的强夯施工工艺参数（表 3-2）。各小区均采用两遍夯施工工艺，每遍夯点均呈梅花形布置。相邻两遍夯击之间的间隙时间应通过孔隙水压力的量测确定，要求超静孔隙水压力消散不小于 90%且不少于 7 天后，方可进行下一遍强夯。

表 3-2　夯击工艺参数

试验区		第一遍			第二遍		
		间距	能量（kN·m）	击数	间距	能量（kN·m）	击数
A1	a	4.0m×4.0m	800	1 击	4.0m×4.0m	1400	2 击
	b	4.0m×4.0m	800	2 击	4.0m×4.0m	1400	4 击
	c	4.0m×4.0m	1000	1 击	4.0m×4.0m	1600	2 击
A2	a	3.5m×7.0m	1000	1 击	3.5m×7.0m	1600	2 击
	b	3.5m×7.0m	1000	2 击	3.5m×7.0m	1600	3 击
	c	3.5m×7.0m	1200	1 击	3.5m×7.0m	1800	2 击
B1	a	4.0m×4.0m	800	1 击	4.0m×4.0m	1400	2 击
	b	4.0m×4.0m	800	2 击	4.0m×4.0m	1400	3 击
	c	4.0m×4.0m	1000	1 击	4.0m×4.0m	1600	2 击
B2	a	4.0m×8.0m	1000	1 击	4.0m×8.0m	1600	2 击
	b	4.0m×8.0m	1000	2 击	4.0m×8.0m	1600	3 击
	c	4.0m×8.0m	1200	1 击	4.0m×8.0m	1800	2 击
C1	a	4.0m×4.0m	800	2 击	4.0m×4.0m	1400	2 击
	b	4.0m×4.0m	800	3 击	4.0m×4.0m	1400	3 击
	c	4.0m×4.0m	1000	2 击	4.0m×4.0m	1600	2 击
C2	a	3.5m×7.0m	1000	1 击	3.5m×7.0m	1600	2 击
	b	3.5m×7.0m	1000	2 击	3.5m×7.0m	1600	3 击
	c	3.5m×7.0m	1200	1 击	3.5m×7.0m	1800	2 击

3）施工程序和步骤。

① C 区回填至夯前设计标高。

② 平整场区，并在小区四周挖设排水明沟。预埋孔隙水压力计、水位管。

③ 进行第一遍降水前静力触探试验和标准贯入试验，测定地面初始标高、记录孔隙水压力和地下水位的初始读数。

④ 第一遍降水：第一遍强夯前地下水位降至地表 3.0m 以下。

⑤ 第一遍强夯：按夯击工艺进行夯击。夯击过程中选取一定数量的点测试夯坑沉降、坑边隆起，测取孔压和水位。夯坑推平后，进行地面沉降测量。

⑥ 第二遍降水：第二遍强夯前地下水位降至地表 3.0m 以下。

⑦ 第二遍强夯：按夯击工艺进行夯击。夯击过程中选取一定数量的点测试夯坑沉降、坑边隆起，测取孔压和水位。

⑧ 夯坑推平后，进行地面沉降测量。

⑨ 场地平整后回填前各区振动碾压。

⑩ A、B 区回填至夯后设计标高。回填后 A、B 区振动碾压。强夯及振动碾压结束后，按检测方案要求对地基加固效果进行检测。

4. 测试成果分析

（1）地面平均沉降、夯坑沉降及坑边隆起分析。为了确定不同强夯施工工艺时的地面沉降，以便控制将来大面积施工时的设计标高，在各个小区布置了 5m×5m 的方格网状地面沉降测点，以测量强夯前和每遍强夯后的地面沉降情况。

强夯过程中，选取一定数量的夯点进行夯坑夯沉量和周围地面的隆起量监测，分析测试结果可见：

第二遍夯坑的平均沉降量要大于第一遍夯坑的平均沉降量，这是由于第二遍夯击时的单点夯击能要明显大于第一遍。

从地面平均沉降来看，第一遍夯击引起的地面平均夯沉量一般要大于第二遍夯击引起的地面平均沉降量，这是由于第一遍地面平均沉降不仅包括夯击引起的地面沉降，还包括机械设备行走和第一遍降水引起的沉降。第一遍强夯前，土体中含水量丰富且压缩性较大，强夯及设备行走等引起的土体的固结变形均较大，所以第一遍强夯引起的地面平均沉降较大，此后夯沉效果逐渐变差，这反映了强夯法处理地基时地表夯沉变化的一般规律。

在第二遍强夯过程中，试验区夯坑周围的隆起量都在 5cm 以下，这说明试验区采用的单点夯击能比较适中，即对土体进行了有效加固，又没有因能量过大而形成“弹簧土”。

（2）地下水位变化分析。为了动态地了解各小区在降水和强夯过程中的地下水位变化情况，强夯前在各试验小区分别埋设了地下水位观测孔，孔深均为 4m。

根据地下水位在降水和强夯过程中的变化情况可见：一般真空井点降水 3～5 天后，试验区地下水位可降至 3m 以下。

强夯时，由于试验区内不再进行真空降水，外围封管难以完全抑制周边地下水的回灌，试验区地下水位上升较为明显。

（3）地基土含水量变化分析。为了查明降水过程中地基土含水量的变化规律，分别在第一遍降水前、第一遍降水 2 天及 4 天后，进行了地基土含水量试验。

分析数据可知：随着降水过程中地下水位的下降，lm、2m、3m 埋深处地基土含水量均有不同程度的降低。

（4）孔隙水压力变化分析。孔隙水压力采用振弦式孔压计进行量测，各小区在强夯过程中超静孔隙水压力的变化具有以下规律：

1）各小区不同深度处第二遍强夯时的超静孔压增量一般均大于第一遍，这是由于第二遍的夯击能量大于第一遍。

2）各小区 3m 处的超静孔压一般最大，这可能与砂质粉土层吸收能量较好有关。

3）各小区 6m 处的超静孔压较小，这与强夯能量的影响深度有关。

4）各小区 3m 与 6m（均为砂质粉土层）处的超静孔压消散速度一般较 1.5m（黏质粉土层）处快。强夯结束后 1～2.5 天，各深度处超静孔压的消散程度均可达到 90%以上。

（5）静力触探测试结果分析。为了对比分析不同施工工艺下强夯对软弱粉土地基的加固效果，在每个小区按 a、b、c、d 四个分区进行四组静力触探试验，分别在强夯前和每遍强夯结束后进行测试，以便动态了解每遍夯击的加固效果。由测试结果可见：

试验区在强夯施工结合振动碾压加固后，0～6m 范围内土体的比贯入阻力只值均有了不同程度的提高，其中 0～4m 范围内土体的加固效果十分明显（振动碾压对 0～2m 内土体的加固效果明显）。

A1～B2 区第二遍强夯后 25 天及 C1～C2 区第二遍强夯后 17 天的静力触探结果表明，在试验区所采用的不同施工工艺下，0～2m 内土体的 P 值可达到 2.8～3.6，2～6m 内可达到 5.3～6.9。

从 P 值的增加幅度来看，第一遍强夯后 P 值的增加幅度一般要大于第二遍，这也反映了强夯法加固地基的一般规律。因此，第一遍强夯的质量控制尤为重要，在大面积施工中应予以重视。

随着时间的增长，强夯后土体的 P 值还会有一定程度的提高，特别是 0～2m 范围内的黏质粉土层。由测试结果可见，0～2m 内的黏质粉土层其第二遍强夯后 7 天的 P 值较第二遍强夯后 3 天最大可增加 30%左右，第二遍强夯后 25 天的 P 值较第二遍强夯后 7 天最大可增加 25%左右。

（6）标准贯入测试结果分析。为了对比分析不同施工工艺下强夯对软弱粉土地基的加固效果，在每个小区按 a、b、c、d 四个分区进行四组标准贯入试验，分别在强夯前和二遍强夯后进行测试（A1～B2 区为第二遍夯后 25 天，C1～C2 区为第二遍夯后 17 天）。测试结果表明：

试验区在强夯施工结合振动碾压加固后，0～6m 范围内土体的标准贯入击数均有了不同程度的提高，其中 0～4m 范围内土体的加固效果十分明显。

0～2m 内土体的标准贯入击数由夯前的 3.7～4.8 击增至 7.0～8.3 击，0～6m 内土体的标准贯入击数由夯前的 8～12.4 击增至 11.5～15.2 击。

6m 以下土体的加固效果不显著，可认为本次试验所用能量级的强夯加固深度大概在 6m 左右。

（7）载荷板测试结果分析。为了检测试验区低能量强夯地基加固效果，在试验区共进行六组载荷板试验，其中 Al、B1、B2、C2 区各布置 1 组，A2 区布置 2 组，试验在各区振动碾压结束后进行。载荷板试验采用 1.0（$1.0m^2$）及 1.5（$1.5m^2$）两种不同面积，按设计承载力（150kPa）的 2 倍加载。由载荷板试验可见：六组试验的地基极限承载力均大于 300kPa，地基承载力设计值均大于 150kPa，满足承载力设计要求。六组试验的地基回弹模量在 29.0～37.7MPa。

5. 总结

通过试验区不同夯击能量、不同布点方式和不同降排水方式的低能量强夯施工和强夯前后各种检测手段的检测，结果表明，本场地情况适合采用低能量强夯法进行地基加固。综合上述各组测试数据的分析结果，可以得到以下几点结论：

（1）低能量强夯地基加固后的静力触探试验和标准贯入试验结果表明，低能量强夯对

0～6m 范围内的土体均能起到不同程度的加固作用，对 0～4m 内土体的加固效果尤为明显。对 6～8m 范围内土体的加固效果不是十分显著，可认为本次试验所采用强夯能量级的有效加固深度为 6m。

（2）六组载荷板试验结果表明，经过低能量强夯地基加固后，地基承载力均大于 150kPa，达到了设计要求，证明试验采用的强夯施工工艺和降水工艺是合理、有效的。

（3）单击夯能。单点夯击能不宜过大也不能太小，过大易过度破坏表层黏质粉土层的结构；过小则无法有效加固深部土体。根据本次测试结果，试验区单击夯能第一遍以 800～1000kN·m 为佳，第二遍以 1400～1600kN·m 为佳。

（4）布点方式。综合比较试验区所采用的三种不同布点方式，以 A1、B1 及 C1 区所采用的 4m×4m 小间距、正方形布点方式加固效果较好，也便于施工。

（5）降排水方式。不同降水方式对强夯加固效果的影响并不显著，大面积施工时建议可采用 A 区的降水方式。

（6）孔压消散。各小区不同深度处的超孔压在强夯结束 1～2.5 天后均可消散 90%以上。

三、振冲法

（一）概述

振冲法又称振动水冲法，是以起重机吊起振冲器，启动潜水电机带动偏心块，使振动器产生高频振动；同时，启动水泵，通过喷嘴喷射高压水流，在边振边冲的共同作用下将振动器沉到土中的预定深度；再经清孔后，从地面向孔内逐段填入碎石，使其在振动作用下被挤密实，达到要求的密实度后即可提升振动器，如此反复直至地面，在地基中形成一个大直径的密实桩体与原地基构成复合地基，提高地基承载力，减少沉降，是一种快速、经济、有效的加固方法，振冲法施工现场见图 3-5。

适用范围：适用于砂性土和小于 0.005mm 的黏粒含量低于 10%的黏性土。

图 3-5 振冲法施工现场

（二）案例分析

1. 工程概况

广东省××水利枢纽工程地段地面平坦。工程区地层岩性较简单，主要为第四系冲积层和燕山四期花岗岩及燕山二期二长花岗岩。第四系冲积层层底高程为 5.66～28.43m，厚度一般为 10～15m，自上而下依次为冲积黏土、粉质黏土，细～中粗砂、含砾中粗砂和砂卵砾石层。坝址河床第四系冲积砂、砂砾卵石层厚度为 15～18m，自上到下分为 2，…，2，2，4 层，2～2 层为粉细砂，松散状，标贯击数一般为 3～10 击；2～3 层为含砾中粗砂，松散稍密状，标准贯入击数为 5～25 击；2～4 层为砂砾卵石层，中密～密实状。

根据设计文件，2～2、2～3 层地基密实度稍差，水闸、引航道基础不宜直接采用天然地基。为减少地基沉降变形量，提高地基承载力，水闸、引航道基础范围采用振冲置换及振冲密实处理，处理深度穿越 2～2、2～3 层进入 2～4 砂卵石层或全风化层。

工程依次先后施工了试验桩、上游引航道、上游导航墩、消力池段、闸室段振冲桩，共计完成振冲桩 2000 根，总进尺 18791.28m。其中，振冲砂桩 983 根，进尺 8583.45m，振冲碎石桩 1017 根，进尺 10207.83m。

2. 设计要求

（1）填料粒径 20～80mm；

（2）振冲孔深穿过 2～3 层进入 2～4 层或全风化层 1m；

（3）桩中心与设计值偏差不大于 50mm；

（4）桩身应保持连续和垂直，垂直度偏差不大于 1.5%；

（5）桩顶碎石垫层采用振动碾压实；

（6）闸坝段振冲碎石桩复合地基允许承载力不小于 0.3MPa，消力池振冲砂桩复合地基允许承载力不小于 0.2MPa；

（7）闸坝段基础部分振冲桩桩间土重Ⅱ型动力触探平均击数不小于 12 击，消力池、上游引航道部分振冲桩桩间土重Ⅱ型动力触探平均击数不小于 10 击。

3. 振冲试验桩

工程前期为了取得真实、可靠、可以指导实际施工的数据，保证达到设计和有关规范要求，选择标高与图纸施工平台开挖线相同，且能代表整体实际施工地质情况的一期基坑闸坝消力池振冲施工区进行试验。试验先期采用 55kW 振冲器试振，由于贯入深度有限，先后换用 75kW、125kW 振冲器试验均未达到设计要求，最终试验选用 150kW 液压式振冲器，达到设计要求处理深度。试验桩共进行四组，每组 14 根，其中碎石桩 2 组，桩间距 2.5m，等边三角形布置；砂桩 2 组，桩间距 3.0m，等边三角形布置。通过四组试验桩的试验施工及质量监测，得到以下结论：

（1）采用穿透能力很强的液压 HD225 型 150kW 振冲器，能达到设计要求的处理深度，能有效减少“抱卡”现象；

（2）对大面积挤密处理，用等边三角形布置可以得到较好的挤密效果；

（3）碎石桩布桩间距 2.5m，等边三角形布置；砂桩布桩间距 3.0m，等边三角形布置，能够满足设计的质量及进度要求且质量优良。

4. 工程桩施工

（1）振冲桩施工流程：

施工准备→测量放样布桩→对桩→造孔→填料逐段加密成桩→单桩成桩。

（2）振冲桩施工工艺。振冲桩按等边三角形布置，碎石桩间距 2.5m，砂桩间距 3.0m，桩径 800mm。振冲施工采用跳打法，以减少先后造孔施工的影响，易于保证桩体的垂直度。

清理场地，接通电源、水源。施工机具就位，起吊振冲器对准桩位，使喷水口对准桩孔位置，偏差小于 50mm。先开启压力水泵，待振冲器末端出水口喷水后再启动振冲器，振冲器运行正常时开始造孔，使振冲器徐徐贯入，直至设计深度。

造孔过程中振冲器应处于悬垂状态。发现桩孔偏斜应立即纠正，防止振冲器偏离贯入方向。造孔速度和能力取决于地基土质和振冲器类型及水冲压力等，应保证工作面满灌含水作业，即应保证单桩作业顶面有一定水量。本工程地质成分以中粗砂层为主，贯入较为困难。造孔速度较慢的地层应根据现场贯入速度适当调整造孔油压，使振冲器有效贯入设计要求深度。制桩时应连续施工，不得中途停止，以免影响制桩质量。加密从孔底开始，逐段向上，中间不得漏振。当达到规定的加密油压和留振时间后，将振冲器上提，继续进行下一段加密，每段加密长度应符合施工参数要求。

5. 施工中的难点及处理措施

本工程振冲施工涉及的地层贯穿难度大，且施工过程中较易发生抱卡的情况，影响施工工效和质量。经现场试验，采用穿透能力很强的液压 HD225 型 150kW 振冲器，能有效减少抱卡现象的发生；施工中当出现抱卡导杆的迹象时，及时停止下放振冲器，让振冲器停留在原深度，加大水压预冲一段时间，然后缓慢下放振冲器，在该地段附近多次上下提拉振冲器，防止卡孔，实现穿透。在施工中以加密油压为主导控制参数，留振时间等作为辅助控制参数。为保证桩头质量，在加密至桩头时，在桩头顶面堆填高 1.0m 左右的填料并减小水压，振冲器反复振捣；当造孔较为顺利时，要保证工作面饱水作业。尽管施工中采取了一些措施来解决贯穿难度的问题，但在施工中还是出现了一些问题：

（1）振冲试验桩。施工中共有 14 根桩没有打到预定的深度，桩长为 3.0～5.6m。分析原因有以下几种情况：此区域存在一硬层，密度较高，使振冲器难以穿透；遇到难穿透的部位，在穿透过程中耗时越长，其结果对周边土层的挤密作用增大，致使土层强度越来越高，并且砂层坍落，“抱死”振冲器；在振冲桩施工过程中，振冲器的振动力必然对周边未施工振冲桩的土层形成振密效果。

（2）闸室段施工时有局部地段未能穿透，有74根振冲碎石桩桩长4～7m。经过重Ⅱ型动力触探自检，7m以上重Ⅱ型动力触探击数满足设计要求；7m以下重Ⅱ型动力触探击数较低，平均8击左右，该处是闸室段的一个薄弱环节。在该区域进行载荷试验后，证明承载力达到设计要求。

6. 质量检测

为了准确判断振冲处理效果，在工程施工的同时，采取重Ⅱ型动力触探进行跟踪检测，共检测振冲桩间土32根，桩体5根，天然土9根。其中，闸室段桩间土检测18根，平均击数为12～18击；消力池检测14根，平均击数为10～16，满足设计要求。

通过本次重Ⅱ型动力触探自检来看，施工区域天然土差异较大，强弱不均，地层复杂；经过振冲处理后，桩间土平均击数满足设计要求，而且差异性明显减小；桩体连续且密实度很好。另一方面，根据重Ⅱ型动力触探自检数据显示，消力池0～3m的重Ⅱ型动力触探击数相对较差（满足设计要求），分析其原因如下：由于上部没有上覆层施加压力，在地面以下一定范围内的振冲加密效果要比下部差，出现这种情况是不可避免的；施工使用的振冲器为液压150kW型，设备在地层中穿透能力非常强，但在桩体上部加密过程中效果不明显，部分薄弱部位采取振动碾分层压实的方法进行处理。

7. 总结

通过对广东××水力枢纽工程上游引航道、上游导航墩、消力池段、闸室段振冲桩、桩间土、天然土的质量检测，以及对成果资料的分析，可以得出如下结论：

（1）根据重Ⅱ型动力触探自检，桩体重Ⅱ动力触探击数满足设计要求；

（2）在闸室段振冲碎石桩施工区（坝0+739.561～坝0+724.561，坝上6.15～坝下16.50）附近，有部分桩桩长为4.7m，由于该局部地段无法穿透，下部未能有效处理，但该部位静载压板试验效果还是能达到设计要求，可以满足工程使用要求。

四、夯（挤）置换法

（一）概述

这种方法利用沉管或夯锤将管（锤）置入土中，由于挤、夯的作用使土体侧向挤压，使土体向侧边挤开，地面向上隆起，土体超静孔隙水压力提高。而此压力消散后，土体强度也相应提高。与此同时，在管内（或夯坑）放入填料，如碎石、砂等，形成的柱体与原地基土组成复合地基。施工时，注意在管内（或夯坑）填透水性好的砂及碎石料，保证竖向排水通道良好。

（二）案例分析

1. 工程概况

××采煤沉陷区综合治理项目场地设计规划为西高东低，建筑物错落布置，拟建砖混结构住宅小区。

（1）地区地质概况。根据《湿陷性黄土地区建筑规范》（GB 50025—2004）附录A“中国湿陷性黄土工程地质分区略图”，工程所在地是低阶地，多属于非自重湿陷性黄土，高阶地有自重湿陷性黄土存在，湿陷性黄土厚度一般为5.0～10.0m。区域内的工程地质条件与太原盆地的形成历史、地质构造、地震概况密切相关。拟建场地位于西铭村和西山煤电总公司宿舍附近，场区内地形为西南高东北低，呈阶梯状。地面标高在900.42～911.89之间。地貌单元属太原盆地汾河西岸山前冲、洪积倾斜平原，表层为第四纪黄土广泛覆盖。

（2）地层竖向分布。

① 层黄土状粉土：淡黄～褐黄色，质地均匀，松散，多虫孔，含有少量白色菌丝和少量的钙质结核，稍湿，稍密，干强度和韧性低，无光泽反应。该层土压缩系数=1.06MPa^{-1}，为极高压缩性，且具有强的湿陷性，湿陷系数介于0.025～0.099之间，层底标高介于891.89～911.32m之间。

② 层黄土状粉质黏土：褐红色～棕黄色，孔隙较发育，硬塑状态，含有大量的姜结石、钙质结核，白色菌丝。干强度和韧性中等，无摇振反应，稍有光泽。该层土压缩系数为0.076MPa^{-1}，为低压缩性，该土层具有湿陷性，湿陷系数介于0.015～0.088之间，层底标高介于887.69～903.96m之间。

③ 层黄土状粉质黏土：褐色～棕黄色，质地均匀，有圆形孔隙，含有少量白色菌丝和钙质结核，干强度和韧性中等，无摇振反应，稍有光泽。夹粉土透镜体，该层土压缩系数为0.07MPa^{-1}，呈低压缩性。

④ 层厚3.6～7.0m不等，层底标高介于888.01～898.42m之间。局部地段该层土上部具有湿陷性。层黄土状粉质黏土：褐色～棕黄色，质地均匀，含有少量白色菌丝和钙质结核，干强度和韧性中等，无摇振反应，稍有光泽。该土层不具湿陷性。

（3）地基土的腐蚀性评价。依照《岩土工程勘察规范附录》（GB 50021—2001）的规定，工程所在地干燥度指数大于1.5，属干旱区，综合判定环境类别为I类。在基底下土层中取土进行的易溶盐化学分析，场地地基土对混凝土及钢筋无腐性。

（4）地基土的湿陷性评价。从勘察单位试验结果看，湿陷性土层厚度在天然地面下12.0m左右，即第①、②层为场地主要湿陷性土层，第③层土上部有轻微湿陷。第①、②层土湿陷系数在0.020～0.070之间，湿陷性轻微～中等，个别层位湿陷系数一般大于0.070，属于湿陷性强烈。地基湿陷等级一般为II级～III级。

根据地质勘测资料可知：原地层物理力学性质指标不能满足对基础的要求，应进行工程地基处理。

2. 工程施工

（1）施工方案。本工程因土层中夹有两层钙质结核，采用沉管法施工难以沉管，故采用柱锤冲击成孔的施工工艺进行整片处理地基，处理厚度根据建筑物地段计算剩余湿陷量不小于200mm的深度确定，处理宽度应按每边扩出基础边缘0.5倍处理厚度来控制。按照梅花形布桩，桩距约为1200mm，桩径400mm，桩顶整片铺设灰土垫层，厚度1000mm。处理后复合地基承载力特征值不小于 180kPa。施工由外向内进行隔行、隔孔跳打。挤密成孔和夯填素土的顺序均按照先里后外，隔行隔排，同一排间隔1孔或2孔跳打，即从整片挤密地基的中间向外边线成孔。成孔结束后，及时检查桩孔的直径、深度和垂直度以及桩孔内有无缩颈、回淤等现象。

（2）施工方法。

1）场地平整。施工前，首先对场地用推土机进行清理整平，保证清理厚度，使施工基础面高程达到设计要求，并对施工范围内的坑穴进行回填处理，使之达到设计要求。

2）测量放线。绘出施工桩位平面布置图，用全站仪放出每个单元工程轴线，做好轴线控制点，按桩间距及排距等边三角形布置桩位，呈梅花形，桩位点用白灰眼确定，测量桩位点高程。

3）挤密成孔。将桩平稳就位后，使桩管正对孔心，启动固定在打桩机架滑道上的导杆式柴油打桩锤，锤击沉管，沉管是带有特制桩尖的无缝钢管。开始时轻击慢沉，待桩管稳定后再按正常速度沉管，达到设计孔深后徐徐拔出沉管，即成桩孔。

4）桩孔夯填。土料存放至施工现场 50m 内，不得含有杂土、砖瓦、石块等，土块粒径不大于 15mm，土料质量根据击实试验的最大干密度和最优含水量控制。将备好的土料用专用料车运至孔口边，安排专人用铁锹将填料均匀填入，每一锹料夯击 2 次，完成一根桩体回填夯实。施工中，记录每一桩孔的填料量和夯实时间。

5）表层处理。全部成桩结束后，按设计要求对沉管施工成孔的桩顶以下0.25m土层厚度用推土机清除松动层，剩余0.25m作为回填的第一层进行碾压。

6）经检测达到设计规定压实度标准后，方可进行上层铺料。

（3）施工过程应注意的问题。

1）试验问题。为检验地基处理后力学性能的变化，为基础设计提供依据，应根据场地地基情况确定地基处理后，在开工前先在临近场地或建筑物场地做出试桩复合地基，待试验取得数据后，再设计基础。试桩复合地基达不到设计要求，尚应修改处理方案。

2）成孔问题。施工土挤密桩，在成孔或拔管过程中，对桩孔（或桩顶）上部土层有一定的松动作用，因此施工前应根据选用的成孔设备和施工方法在场地预留一定厚度的松动土层，待成孔和桩孔回填夯实结束后将其挖除或按设计规定处理。应预留松动土层的厚度，对冲击成孔宜为1.2～1.5m。成孔时，地基土的含水率一般应掌握在12%～23%，低于12%成孔较困难，且对生石灰块水解提供水分不足；当大于23%时易颈缩或成桩后桩心软化，因此，低于最优含水率的土需加水增湿，大于最优含水率的土需采取晾晒干措施。

3）挤密问题。挤密桩复合地基关键在于挤密。合理的填料配合比与认真的夯实是确保施工质量的前提。常用的填料配合比有多种，如灰砂桩为生石灰块：中砂=7：3（体积比），灰砂碎石桩为生石灰块∶中砂∶碎石 20～40mm=5∶2∶3 或 6∶1.5∶2.5，也可适量加入粉煤灰以提高桩的强度。

4）局部遇枯井、坑、沟等处理问题。基坑开挖或经钎探后发现建筑物地基下有被杂土或杂填土或素土填充的枯井、洼坑、沟槽等，必须及时处理。除对埋深较浅的可用填土的方法处理外，一般可用挤密桩进行处理，根据所处理局部地基情况，以桩底底层好土为宜，并用桩距调整，桩距可疏可密，以达到所需地基强度。处理时应注意要使处理后的局部地基与建筑物场地大面积地基承载力基本一致。

5）质量检验问题。挤密桩复合地基属隐蔽工程，施工中必须加强检验。检验内容包括成孔的深度、直径、垂直度，孔内填料的夯实质量。桩体竣工后，尚应检验桩间土的干密度、桩体填料的干密度、地基承载力等，检验方法包括挖开取样试验、触探试验、载荷试验等。

（4）利用素土挤密桩的实体评价。通过复合地基静载荷试验，绘制荷载 P 和相应校正后的沉降 s 的荷载—沉降 P—s 曲线和沉降—时间 s—lg$t$ 曲线检测复合地基承载力特征值达到 180kPa；通过探井取样法检测桩体平均压实系数均大于 0.96；通过探井取样法检测桩间土挤密及消除湿陷性效果表明，湿陷性系数 δ 均小于 0.015，完全消除湿陷性。

3. 总结

采用素土挤密桩法处理采煤沉陷区湿陷性黄土，既消除了被处理土的湿陷性， 又提高了地基承载力，防止了基础及结构出现大幅度沉降、干裂、倾斜，保证了工程的安全性。

五、砂桩法

（一）概述

在松散砂土或人工填土中设置砂桩（图 3-6），能对周围土体产生挤密作用，或同时产生振密作用，可以显著提高地基强度，改善地基的整体稳定性，并减少地基沉降量。

水泥土挤密桩是一种较为理想的治理公路路基沉降的加固方式。

适用范围：适用于处理松砂地基和杂填土地基。

图 3-6 砂桩法施工现场

（二）案例分析

1. 工程概况

××城市道路施工标段线路长6.70km，经过相关勘察设计部门勘察，有约2km的淤泥质砂不良地质处理地带，涉及工程量极大，该路段地势平坦，路堤高度仅有1.2m。选取某一特征路段的地质情况为：

① 耕殖土层。厚0.5～1.0m，灰黄或灰褐色，由淤泥质土及亚黏土组成，湿、可塑。

② 淤泥层。厚0.9～3.5m，灰黑色，黏性好，饱水，流塑，局部夹薄层细砂。

③ 淤泥质细砂层。厚3.0～7.9m，灰或灰黑色，粉细砂含量占总重的80%，饱水、松散，含少量贝壳。

④ 淤泥层。在地质勘探报告上未见底，灰黑色，黏性好，饱水，流塑状态，局部夹薄层细砂。设计采用深层砂桩处理，浅层换填，但部分利用排水沟两边加深的方法。淤泥质砂在地下水位降低后，强度和稳定性能显著提高。处理好后，深层处理部分进行了沉降检测，达到设计要求。在加深两侧排水沟后，道路路基质量稳定性得到了保证。

2. 水泥土挤密砂桩设计

（1）桩孔直径。设计时，如果桩径 d 过小，将导致桩数的增加，并增大打桩和回填的工作量。如果桩径 d 过大，则桩间土挤密不够，致使消除湿陷程度不理想，对成孔机械的要求也高。

（2）桩距和桩排。设计桩距的目的在于使桩间土挤密后达到一定的平均密实度，不低于设计要求标准。一般规定，桩间土的最小干密度不得小于 1.5，桩间土的平均压实系数 K=0.90～0.93。为使桩间土得到均匀挤密，桩孔应尽量按等边三角形排列，但有时为了适应基础尺寸，合理减少桩孔排数和孔数时，也可采用正方形和梅花形等排列方式。

（3）桩孔深度。非自重湿陷性黄土地基，其处理厚度应为基础下土的湿陷起始压力小于附加压力和上覆土的饱和自重压力之和的所有黄土层，或为附加压力等于土自重压力25%的深度处，桩长从基础算起一般不宜小于3m。当处理深度过小时，采用土桩挤密是不经济的。桩孔深度目前施工可达12～15m。

（4）处理宽度。处理效果不仅与桩距有关，而且还与所处理的厚度和宽度有关。当处理宽度不足时，仍有可能使基础产生较大下沉，甚至丧失稳定性。考虑处理宽度时，应将处理土体与其周围土体统一按半无限直线变形体考虑，使传到天然土层上的附加压力符合设计要求。

（5）填料和压实系数。桩孔内的填料应根据工程要求或地基处理的目的确定。孔底在填料前必须夯实，填料宜分层回填夯实。当用素土回填夯实时，甲、乙类建筑的压实系数 K 不宜小于0.95，其他建筑不宜小于0.93。当用灰土回填夯实时，甲、乙类建筑的压实系数 K 不宜小于0.97，灰与土的体积配合比宜为2∶8或3∶7。

（6）承载力和变形模量。对一般工程，可参照当地经验确定挤密地基土的承载力设计值。当缺乏经验时，土挤密桩地基，其承载力不应大于处理前1.4倍，并不应大于180kPa；对灰土挤密桩地基，不应大于处理前的2倍，并不应大于250kPa。

3. 主要施工处理技术

（1）施工前期准备工作。施工前期需要根据实际编制实施性施工组织设计，拆除障碍物、平整场地，进行挤密砂桩施工，根据设计文件要求布设桩位、桩间距，以及安排桩的分布形式。若有灌注桩和构造物基础，施工前必须完成砂桩。在灌注桩两侧布设桩位时，应预留钻孔灌注桩施工位置，预留净距约为140cm。根据地段的地基、砂桩桩径及桩长情况，选择合适的机械设备，并符合实际施工要求。

（2）试验桩。开工之前，进行桩试验，以便根据现场实际确定各项技术参数，如成桩时间、压放砂量、工艺确定等，确保大面积施工质量；工艺性试桩位置必须选择有代表性的位置，每处不少于5根；施工方、监理方均应派人员在场，做好详尽的现场记录。成桩30天后进行单桩承载力、单桩复合地基承载力试验及桩身密实度检测。并分析单桩承载力与贯入量30cm时锤击数的关系。

（3）施工工序。水泥土挤密砂桩施工流程：整平原地面→机具定位→桩管沉入→加料压密→拔管→机具移位。

对水泥土挤密砂桩桩位进行编号，以成桩先后为序，注明于布桩图上，然后在场地上放线，用木桩定位，按序号施工避免张冠李戴；导管必须高出设计桩长3～5m，桩头活页平底式；桩架就位后，应该调整导杆的竖直度，提升桩管，将桩头活页闭合；加压并开动振动锤，将钢管沉入至设计要求深度；在桩管内灌满水，使砂料呈饱和水状态；应按桩孔体积和砂在中密状态时的干密度计算其实际灌砂量，然后按1.35松方系数估算用料量，一次上足或分两次投料。亦可超量投砂，即增投砂量，当桩管全部拔出地面时，仍剩余一些砂料；边振边均匀缓慢拔出桩管，直至桩管全部拔出；在孔口部位进行反插；移动机具至下一桩施工。施工完毕后整平场地，测量标高，整理施工记录。

（4）路基施工质量要求及控制。

1）路基施工质量要求。

① 稳定性。为防止路基结构在行车荷载及自然因素作用下发生整体失稳，发生不允许的变形或破坏，必须因地制宜地采取一定措施来保证路基整体结构的稳定性。

② 强度。为保证路基在外力作用下，不致产生超过容范围的变形，要求路基应具有足够的强度。

③ 水温稳定性。路基在地面水和地下水的作用下，其强度将会显著降低。特别是季节性冰冻地区。由于水温状况的变化，路基将发生周期性冻融作用，形成冻胀和翻浆，使路基强度急剧下降，应保证在最不利的水温状况下，强度不致显著降低，这就要求路基应具有一定的水温稳定性。

2）挤密砂桩施工质量控制。挤密砂桩施工不当或技术要领把握不住，极易留下质量隐患，严重影响处理效果。

① 若灌砂量不足，砂的含水率不佳或加水量不足，就会引起成桩身密实度不足，引起疏松现象，因此要严格控制投砂量，桩管内的加水量必须充足。

② 沉桩时桩管竖直度不够，或受邻桩振冲影响，容易引起已成砂桩倾斜，因此成桩时要经常校正桩管竖直度，相邻桩应间隔跳跃施工，避免相互间振动影响。

③ 桩底空松或桩底端料少或无料会引起短桩，沉管时遭遇局部硬土层或孤石，处理不当也会造成桩长不够。如果遇到土层或孤石，处理方法最好是即时停机，在桩位旁边试打，确定硬土层范围；然后考虑变更桩位：拔管前必须灌满砂料，并留振 1min。

④ 三次投料不合理，反插深度和次数有误差都会引起砂桩缩颈，必须改变投料量比例、改变反差深度和次数以满足要求。

⑤ 断桩是施工中常见病害，造成的原因有反插深度有误、坍孔、卡管活页打不开等。为减少出现断桩，要严格按工艺性试桩提供的技术参数及成桩步骤控制拔管高度和拔管进度。不能保证桩身的连续性为成桩中常见现象，为减少此种现象，要整修活页，使活页开启灵活。

4. 总结

因其施工器具简单，施工速度快，灵活性高，不受水、电、场地的限制且造价低廉，水泥土挤密砂桩的适用范围很广。

六、夯实水泥土桩法

（一）概述

夯实水泥土桩法就是利用沉管、冲击、人工洛阳铲、螺旋钻等方法成孔，回填水泥和土的拌和料，分层夯实形成坚硬的水泥土柱体，并挤密桩间土，通过褥垫层与原地基土形成复合地基。

适用范围：适用于处理地下水位以上的粉土、素填土、杂填土、黏性土和淤泥质土等地基。

夯实水泥土桩法是近年来在华北地区的旧城改造工程中发展起来的一种地基处理技术，它是利用工程用土料和水泥拌和形成混合料，通过各种机械成孔方法在土中成孔并填入混合料夯实，形成桩体，当采用具有挤土效应的成孔工艺时，还可将桩间土挤密，从而形成复合地基，提高地基承载力、减小地基变形。目前该项技术在北京、河北等地已大量应用，产生了巨大的社会经济效益，节省了大量的建设资金。例如石家庄某高校新建学生宿舍，由于地基承载力不足，如不对地基进行处理，将由浅基础改为桩基础，经过夯实水泥土桩法进行地基处理后，采用原基础方案，造价比桩基础方案基础费用节省 10%左右。

（二）案例分析

1. 工程概况

拟建锅炉房工程位于石家庄市西南，三层构筑物，原场地为土堆和建筑垃圾堆放场。根据建筑设计院的基础设计，该建筑拟采用条形基础和独立基础，要求地基承载力标准值不小于 140kPa。依据岩土工程勘查报告，拟建场地内无地下水，但新近堆积黄土状土分布厚度大，承载力低，属高压缩性和中压缩性土，均匀性差，工程性质不稳定，不宜作为拟建建筑物的天然地基，因此应做地基处理。本着因地制宜、就地取材、经济合理、安全适用与确保质量的原则，经过方案比较，决定采用夯实水泥土桩对地基进行处理。

2. 夯实水泥土桩地基处理设计

根据现场工程地质条件，结合上部结构要求，采用夯实水泥土桩处理后的地基承载力标准值应不小于 140kPa，因此设计夯实水泥土桩 450 根，单桩直径 350mm，有效桩长 5m，成矩形布置，桩位中心偏差不大于 20mm，材料采用 425 号矿渣水泥，土料粒径不大于 1.5mm，有机质含量不大于 8%，灰土比为 1∶6，28 天材料强度不小于 3.0MPa，干密度大于 1.6g/m^3，桩顶褥垫层厚度 150mm，选用粗砂。

3. 夯实水泥土桩施工方法

（1）定桩位。采用钢尺测定桩位，每个桩位用钢钎打孔；灌入石灰粉，桩位初步确定后复测两遍。

（2）成孔。采用 KI—b60 全液压螺旋成孔机成孔，孔径偏差不大于 20mm，钻孔深度根据放线给定高程确定。

（3）桩材制备。采用 425 号矿渣水泥和现场粉质黏土为原料，土料湿度控制原则为“一攥成团，一捏即散”，按灰土比 1∶6 将水泥和土料拌和配置均匀，达到色调一致。

（4）夯实成桩。夯实机械选用 SH-30 钻机，夯锤质量为 110kg，落距不小于 1.5 m，夯底应小于 5 击，填料应分层，每层小于 300mm，每层夯击应不小于 6 击。

（5）桩头养护。成桩后向孔内填入虚土 200～500mm。

4. 夯实水泥土桩施工检测

（1）干密度测试。为检测夯实质量，施工中进行钻探抽芯取样，测试水泥土桩干密度。随即抽样数为总桩数的 5%，每根样桩分上、中、下三个位置取样，共抽检了 23 根桩，69 份试样，测出的夯实水泥土桩干密度范围值为 1.75～1.81g/cm^3，均大于设计要求的 1.6g/cm^3。

（2）桩身强度测试。施工 7 天后开挖桩头取样，进行无侧限单轴抗压强度测试，共取了两组六块试样，测试结果 Q_7=3.2MPa，换算为 28 天无侧限单轴抗压强度，$Q_{28}\geqslant$3.0 MPa，满足设计要求。

（3）轻型动力触探测试（N_{10}）。为跟踪监测夯实质量，施工中随机进行了 10 次轻型动力触探测试，其实验数据表明夯实水泥土桩轻型动力触探锤击数范围为 95～150。经过检测，夯实水泥土桩施工质量是合格的，完全达到了设计的要求。

5. 加固效果检测

（1）几何尺寸检验。基坑开挖后复核桩位偏差均满足要求，实测平均桩径为 370mm。

（2）单桩承载力及桩体完整性。根据某物探队所作的《基桩低应变动力检测报告》，测试了 3 根桩，实测波速范围值为 2260～2596m/s，均为完好桩，单桩承载力范围值为 140～212kN。

（3）桩间土承载力。基坑开挖后进行了五组 26 次桩间土轻型动力触探测试。测试结果显示桩间土承载力基本值，f_0=110kPa。

（4）复合地基承载力。根据基桩低应变确定的单桩承载力和轻型动力触探试验提供的桩间土承载力复合计算，夯实水泥土桩复合地基承载力标准值为 200 kPa，满足了设计要求。该工程自 20 世纪 90 年代末投入使用至今，地基状况良好，未发现不均匀沉降等不正常沉降现象，说明夯实水泥土桩是处理无地下水软弱地基的一种经济合理，安全适用，确保质量的好方法。

6. 施工注意事项

（1）垫层材料应级配良好，不含植物残体垃圾等杂质，一般可选用坚硬的粗砂，最大粒径不超过 5mm。

（2）夯填桩孔应尽量选择机械夯实，夯锤落距和填料厚度应根据现场试验确定，混合料压实系数不应小于 0.93。

（3）桩孔内填料前孔底必须夯实。

（4）桩顶夯填高度应大于设计桩顶标高 200～300mm，垫层施工时将多余桩体凿除，使桩顶面水平，要求桩头平整，无虚土，无断裂，可用无齿锯在设计桩顶标高处先锯一周，然后凿平。

（5）砂垫层施工前应将桩间土全部夯一次，砂垫层虚铺 170m，虚铺整平后，用平板振捣器再全部振捣一遍。

（6）施工中应有专人检测成孔及回填夯实质量，并做好施工记录，发现问题及时处理，冬雨期施工应采取相应措施，防止环境对施工产生不良影响。

7. 总结

由于施工机械的限制，夯实水泥土桩法适用于地下水位以上的粉土、素填土、杂填土、黏性土等地基。夯实水泥土桩的强度主要由土的性质、水泥品种、水泥标号、龄期、养护条件等控制。夯实水泥土桩设计强度应采用现场土料和施工采用的水泥品种、标号进行混合料配比设计。夯实水泥土桩处理深度一般应小于 6m。

七、爆破法

（一）概述

爆破法的原理是利用爆破产生振动使土体产生液化和变形，从而获得较大密实度，用以提高地基承载力和减小沉降。爆破法适用于饱和净砂，非饱和但经灌水饱和的砂、粉土和湿陷性黄土。

（二）案例分析

1. 工程概况

××市规划区规划总面积49km^2，基本沿着–1.40m（国家85高程系，下同）左右等深线新围海堤，全长11.5km。该区地貌类型为水下淤泥质浅滩，水下地形自西南向东北略微倾斜，泥面标高–1.60～–1.20，淤泥深平均约10.5m，厂区揭露的地层皆为第四系松散堆积物，自上而下共分为六个工程地质层。

2. 地基处理方案选择

根据地质资料揭露，海滨新区新围海堤范围内普遍存在着平均厚度为10.5 m的淤泥层，属第四系全新统近期海相沉积层。淤泥层呈饱和～流塑状态，是海堤设计中需着重处理的软土层。淤泥层以下为粉质黏土、砾砂层等，可作为基础良好持力层。为了保证海堤施工期稳定和后方陆域吹填后的整体稳定，以及控制堤身加载过程中和加载后的沉降变形，必须拟定合理可行的地基处理方案。针对工程地质、使用条件及类似工程的实施经验，海堤地基处理一般采用垫层法、自重挤淤法、爆破挤淤法、排水预压固结法和密实法等，以下就几种地基处理方案进行比选。

（1）垫层法。垫层法是把靠近堤防基底的不能满足设计要求的软土挖除，代以人工回填的砂、碎石、石渣等强度高、压缩性低、透水性好、易压实的材料作为持力层。

垫层法可以就地取材，价格便宜，施工工艺较为简单，该法在软土埋深较浅、开挖方量不太大的场地较常采用。

（2）堤身自重挤淤法。堤身自重挤淤法是通过逐步加高的堤身自重将处于流塑态的淤泥或淤泥质土外挤，并在堤身自重作用下使淤泥或淤泥质土中的孔隙水应力充分消散和有效应力增加，从而提高地基抗剪强度的方法。

在挤淤过程中为了不致产生不均匀沉陷，应放缓堤坡、减慢堤身填筑速度，分期加高。其优点可节约投资；缺点是施工期长。此法适合于地基呈流塑态的淤泥或淤泥质土，且工期不太紧的情况下采用。

（3）爆破挤淤法。爆破挤淤法是利用炸药爆炸的力量将石料置换淤泥的动力地基处理方法。

爆炸挤淤填石是在抛石体外缘一定距离和深度的淤泥质软基中投放炸药群。起爆瞬间在淤泥中形成空腔，抛石体随之坍塌充填空腔形成“石舌”，达到置换淤泥的目的。经多次推进爆破，即达到最终置换要求。该方法显著优点是非常适合浅滩作业条件，抛石和埋药、起爆可全部在陆上施工完成，不存在挖泥和弃土问题，不需要大型施工机械设备和复杂的施工工艺，施工速度较快、投资省、见效快，软基处理深度可达到 10～30 m，落底效果好，成堤和陆域吹填时的整体稳定性强。

（4）排水预压固结法。该法主要对天然地基设置竖向排水通道，然后利用建筑物重量分级逐渐加载，使土体中孔隙水排出，逐渐固结，地基发生沉降，同时土体强度逐步提高，主要解决沉降问题和稳定问题。

目前，竖向排水通道一般采用砂桩、砂井、塑料排水板等，塑料排水板是最常用最经济的材料，也适合于海堤的地基处理。

其缺点是工期长，一般需 6～8 个月；堤身断面大，适合于石料缺乏的地区；受潮水涨落的影响，插板需乘低潮施工，工效很低；淤泥层较厚，土性很差，塑板在排水预压中受井阻等影响，实际排水效率和土体强度增长效果与理论计算往往会有差异，对海堤的整体稳定带来不利影响；排水板地基强度增长有限，为控制陆域吹填的侧向稳定，上部堤身断面较大，堤前需设置较长的反压层。

（5）密实法。密实法的原理是采用一定的手段，通过振动、挤压使地基土体孔隙比减小，强度提高，达到地基处理的目的。

软土地基中常用强夯法，强夯法利用强大的夯击力，迫使深层土液化和动力固结，使土体密实，用以提高地基土的强度并降低其压缩性。适用于河流冲种层，滨海沉积层黄土、粉土、泥炭、杂填土等各种地基。适用于高饱和度的粉土与软塑—流塑的黏性土等地基上对变形控制要求不严的工程，同时应在设计前通过现场试验确定其适用性和处理效果。但对饱和软土的加固效果，必须给予排水的出路。

3. 围堤软基处理方案实施——爆破挤淤填石法

（1）围堤断面布置。通过上述方案比选，海滨新区新围海堤地基处理采用爆破挤淤填石法。

整个新区新围海堤全长 11.5km，由于斜坡式海堤通常建在土质较差的地基上，堤基处理深度根据海淤泥质土层厚度确定，结合当地港工建设经验，本项目海堤采用抛石斜坡堤。堤身分二期实施，一期海堤顶高程 3.6m，顶宽 6.0m，外坡 1∶1.5～1∶2.5，内坡 1∶1，外坡护面结构为预制安装混凝土四脚空心方块，内坡设置防渗倒滤层，结构为理坡＋一层土工布+1.0m 厚袋装泥压坡，堤心为爆填 10～100kg 块石，一期海堤起到吹填＋围堰的作用。待内部区域吹填、地基加固完成后再施工二期海堤，用 10～100kg 块石补齐堤身，达到设计断面，最后再实施外侧防冲护面。

注：理坡为一道垫层施工工序。

（2）爆破挤淤填石法筑堤施工。爆破法施工现场见图 3-7。

1）爆破器材的选用。本工程为水下爆破，其炸药宜选用抗水性好的炸药，如乳化炸药或硝铵类炸药。

本工程采用散装乳化炸药，主要是考虑炸药的防水，而且乳化炸药在药包加工过程中不易散落；防水药包可用化纤编织袋保护的一层或多层塑料袋制作；传引爆器材宜选用导爆索和导爆管等非电器材，采用两厂同发、同批号的并联电雷管起爆。

图 3-7　爆破法施工现场

2）药包制作和埋药。该环节是海堤达到设计断面的关键工序，药量、埋药位置是影响海堤断面型式的关键因素，该项内容主要包括药包配重制作、药包导爆索采购和供应、药包重量计算、药包防护、药包制作、装药、爆破网络。具体为：

① 药包配重在爆炸处理作业前，预先制作完成。其主要材料为水泥、砂、石料等；

② 导爆索应选用防水型，且每米含量为 1.5g；

③ 药量是施工中的重要参数，单个药包的重量应按淤泥层厚度计算选取，可按《爆炸法处理水下地基和基础技术规程》（JTJ / T258—98）规定计算，亦可通过试验确定，其误差为 5%；

④ 药包防护采用塑料编织袋防护，一般尺寸为 40×70cm，并要有一定的抗拉强度；

⑤ 药包结构采用集中药包，按计算的单个药包所需炸药装到塑料编织带内，将导爆索的一端做成起爆头，插入炸药内部，用细麻绳捆扎袋口中，导爆索的另一端用塑料防水胶布包扎；

⑥ 本工程装药工艺采用陆上装药，装药机械行至指定位置，提起装药器，通过吊机的行走和旋转将装药器定位，启动振动器或压力装置，在设计位置上成孔，达到设计深度后，打开装药器上部的药室小门，然后将做好的药包沿管下放至管底，再打开装药器下部开关门，吊机上提，药包在配重下下落至设计位置，提起装药器进行下一循环作业；

⑦ 爆破挤淤的爆破网路有电雷管、主导爆索、分导爆索和药包联成，单个药包内不放置电雷客，导爆索起爆药包靠起爆头激发能量，起爆电雷管的集中穴应朝向导爆索传播方向，导爆索端部伸出电雷管的长度应大于 15cm。

3）围堤施工工艺。本工程围堤爆破挤淤填石法施工工艺采用堤头爆填、靠海侧爆填和爆夯。

① 堤头爆破。按一次爆破推进 10m 计，堤顶宽度为 5m，堤头处超抛宽度为 7～10 m，超抛高度 1.5～2.5m，在抛填堤脚 1.5～2.0m 处埋设药包，药包可采用海上船机作业，或陆上布药机作业，埋药深度约为处理淤泥层厚度的一半位置，一次爆破后抛石体坍塌挤淤向前推进，经多次推进爆破后，完成全部堤头爆填。

② 侧爆。侧爆是在堤头爆填形成抛石堤的靠海侧进行，一次侧爆填筑长度可取 20～50m。埋药位置在泥石交界面外 1.5～2.0m 处，埋药深度与堤头爆填相同，使抛石体海侧堤脚基本落底。

③ 爆夯。爆夯是在靠海侧爆填抛石堤的边坡上进行，在两侧泥石交界面上布设小药量的爆夯药包，一侧布设长度也取 20～30m，最终形成设计抛石断面。

4）施工注意事项。在海滨新区围堰施工过程中，经监测、分析、计算等，总结施丁过程中需要注意以下事项：

① 布药线应尽量靠近爆填石坍塌石体即石舌的前缘，以保证石体充填爆炸空腔形成石舌的效应。如布药线一般取距石舌前缘线外 1.2m，太远则不利石舌形成，过近则抛填的乱石将影响埋深装药。

② 平面上分区段爆夯时，相邻两次爆夯的尾、首排药包应重复在同一断面上，以保证搭接段的夯实效果。

③ 当石层表面出现明显爆坑时需补抛整平，如果补抛厚度大于 50cm 且范围大于一个布药网格时，应采用减半药量的药包在原位补爆一次。

4. 质量控制及检查

抛石置换深度是保证海堤沉降稳定的重要条件，爆炸处理后抛石置换落底标高误差为 0～-1.0m，填石落底宽度误差要求 0～2.0m，抛石置换深度与稳定性检验可从宏观判断与多种方法检测两方面进行。施工期内如果不出现滑移或过量沉降，从宏观上可以判断，在使用期内海堤的稳定性是有充分保证的。质量控制流程包括施工准备、爆前定位和标高测量、爆后标高测量、数据分析、钻孔检测并分析、物探（雷达扫描）、数据处理、资料整理和验收，其中全过程应进行沉降观测并进行统计分析。抛石置换深度检测有多种方法，本工程检测采用体积平衡法、钻孔检测法、探地雷达检测法、累积沉降法等。

5. 总结

海滨新区围堤一期工程实施完毕时，内部区域正处于吹填预压期，据施工期沉降观测资料分析，一期围堤沉降量在 10～20cm，均控制在设计允许范围内而且未出现一处坍塌。

04

第四章　排水固结法

排水固结法是对天然地基，或先在地基中设置砂井、塑料排水带等竖向排水井，简称竖井，然后利用建筑物本身重量分组逐渐加载，或是在建筑物建造以前，在场地先行加载预压，使土体中的孔隙水排出，逐渐固结，地基发生沉降，同时强度逐步提高的方法。排水固结法施工现场见图 4-1。

图 4-1　排水固结法施工现场

对沉降要求较高的建筑物，如冷藏库、机场跑道等，常采用超载预压法处理地基。待预压期间的沉降达到设计要求后，移去预压荷载再建造建筑物。对于主要应用排水固结法来加速地基土强度的增长、缩短工期的工程，如路堤、土坝等，则可利用其本身的重量分级逐渐施加，使地基土强度的提高适应上部荷载的增加，最后达到设计荷载。

一、排水固结法作用

按照使用目的，排水固结法可以解决以下两个问题：

（1）沉降问题。使地基的沉降在加载预压期间大部分或基本完成，使建筑物在使用期间不致产生不利的沉降和沉降差。

（2）稳定问题。加速地基土抗剪强度的增长，从而提高地基的承载力和稳定性。

二、排水固结法组成系统

排水固结法是由排水系统和加压系统两部分共同组合而成的，排水固结法的组成系统见表 4-1。

表 4-1　　　　　　　　　排水固结法组成系统

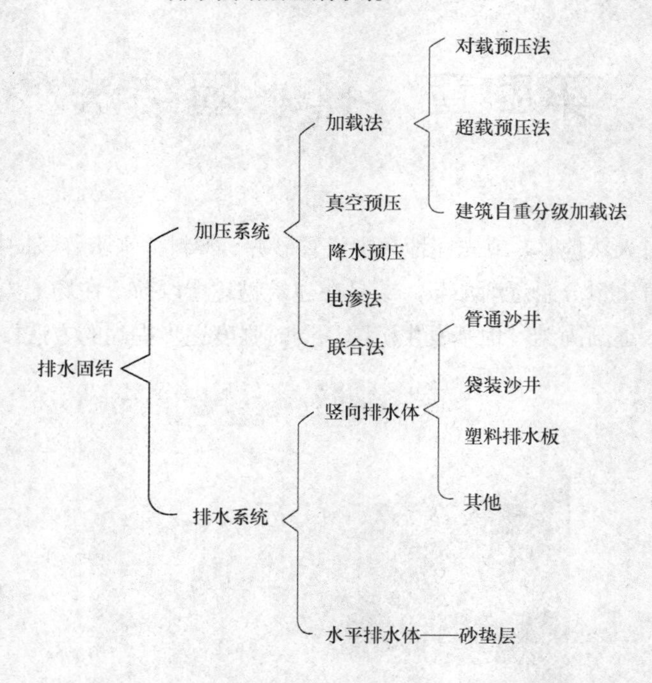

设置排水系统主要在于改变地基原有的排水边界条件，增加孔隙水排出的通路，缩短排水距离。该系统是由竖向排水井和水平排水垫层构成的。当软土层较薄，或土的渗透性较好而施工期较长时，可仅在地面铺设一定厚度的排水垫层，然后加载，使土层中的孔隙水竖向流入垫层而排出。当工程上遇到深厚的、透水性很差的软黏土层时，可在地基中设置砂井或塑料排水带等竖向排水井，地面连以排水砂垫层，构成排水系统。

加压系统，即施加起固结作用的荷载。它使土中的孔隙水产生压差而渗流使土固结。其材料有固体（土石料等）、液体（水等）、真空负压力荷载等。

排水系统是一种手段，如没有加压系统，孔隙中的水没有压力差，水不会自然排出，地基也就得不到加固。如果只施加固结压力，不缩短土层的排水距离，则不能在预压期间尽快地完成设计所要求的沉降量，土的强度不能及时提高，各级加载也就不能顺利进行。所以上述两个系统，在设计时总是联系起来考虑的。

在地基中设置竖向排水井，常用的是砂井，它是先在地基中成孔，然后灌以连续的砂使其密实而成。普通砂井一般采用套管法施工。近年来袋装砂井和塑料排水带在我国得到越来越广泛的应用。

三、排水固结法应用条件

必须指出，排水固结法的应用条件除了要有砂井（袋装砂井或塑料排水带）的施工机械和材料外，还必须要有以下条件：

（1）预压荷载；

（2）预压时间；

（3）适用的土类。

预压荷载是个关键条件，因为施加预压荷载后才能引起地基土的排水固结。然而施加一个与建筑物相等的荷载，这并非轻而易举的事，少则几千吨，大则数万吨，许多工程因无条件施加预压荷载而不宜采用砂井预压处理地基，这时就必须采用真空预压法、降低地下水位法或电渗法。

1. 排水固结法分类

工程上广泛使用的、行之有效的增加固结压力的方法有堆载法、真空预压法，此外还有降低地下水位法、电渗法及几种方法兼用的联合法等。

作为综合处理的手段，排水固结法可和其他地基加固方法结合起来使用。如美国横跨旧金山湾南端的 Dumbarton 桥东侧引道路堤场地，该路堤下淤泥的抗剪强度小于 5kPa，其固结时间将需要 30～40 年。为了支承路堤和加速所预计的 2m 沉降，采用了如下解决方案：

（1）采用土工织物以分布路堤荷载和减小不均匀沉降；

（2）使用轻质填料以减小荷载；

（3）采用竖向排水井使固结时间缩短到 1 年以内；

（4）设置土工织物滤网以防排水层发生污染等。

2. 排水固结法范围

排水固结法适用于处理各类淤泥、淤泥质土及冲填土等饱和黏性土地基。砂井法特别适用于存在连续薄砂层的地基。砂井只能加速主固结而不能减少次固结，对有机质土和泥炭等次固结土，不宜采用砂井法。降低地下水位法、真空预压法和电渗法由于不增加剪应力，地基不会产生剪切破坏，所以它是用于很软弱的黏土地基。应用范围包括路堤、仓库、罐体、飞机跑道及轻型建筑物等。

四、排水固结法原理

在饱和软土地基中施加荷载后，孔隙水被缓慢排出，孔隙体积随之逐渐减小，地基发生固结变形。同时，随着超静水压力逐渐消散，有效应力逐渐提高，地基土强度就逐渐增长，现以图 4-2 为例说明。当土样的天然固结压力为$\Delta\sigma'$时，其孔隙比为 e_0，在 e-σ_c'坐标上其相应的点为 a 点，当压力增加$\Delta\sigma'$，固结终了时，变为 c 点，孔隙比减小Δe，曲线 abc 称为压缩曲线。与此同时，抗剪强度与固结压力成比例的由 a 点提高到 c 点。所以，土体在受压固结时，一方面孔隙比减小产生压缩，另一方面抗剪强度也得到提高。如从 c 点卸除压力$\Delta\sigma'$，则土样发生膨胀，图中 cef 为卸荷膨胀曲线。

如从 f 点再加压$\Delta\sigma'$，土样发生再压缩，沿虚线变化到 c'，其相应的强度线如图 4-2 中所示。从再压缩曲线 fgc'，可清楚地看出，固结压力同样从 σ_0' 增加$\Delta\sigma'$，而孔隙减小值为$\Delta e'$，$\Delta\sigma'$比 e'小得多。这说明，如在建筑物场地先加一个和上部建筑物相同的压力进行预压，使土层固结（相当于压缩曲线上从 a 点变化到 c 点），然后卸除荷载（相当于膨胀曲线上从 c 点变化到 f 点）再建造建筑物（相当于在压缩曲线上从 f 点变化到 c'点），这样，建筑物新引起的沉降即可大大减小。如果预压荷载大于建筑物荷载，即所谓超载预压，则效果更好。因为经过超载预压，当土层的固结压力大于使用荷载下的固结压力时，原来的正常固结黏土层将处于超固结状态，而使土层在使用荷载下的变形大为减小。

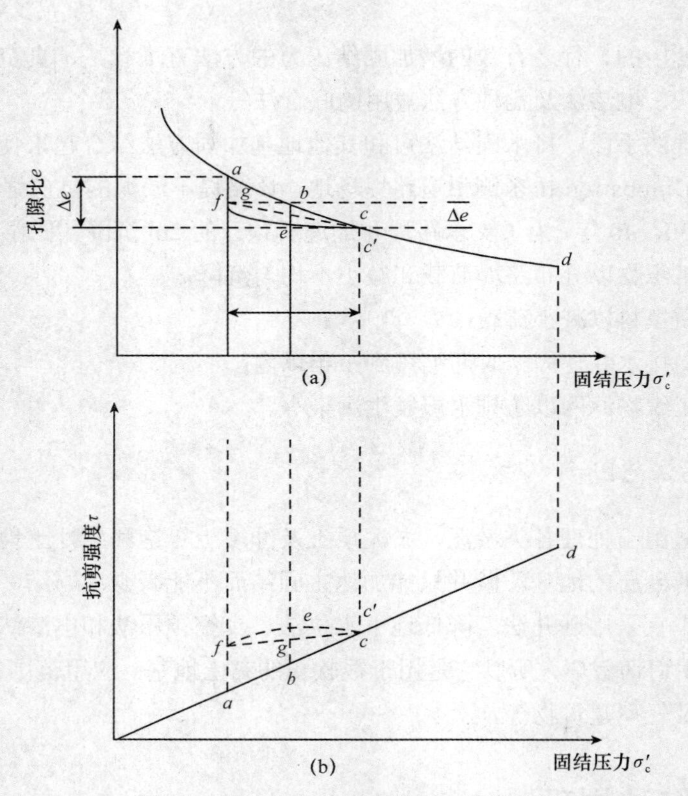

图 4-2　排水固结法增大地基土密度原理

将土在某一压力作用下，自由水逐渐排出，土体随之压缩，土体的密度和强度随时间增长的过程称为土的固结过程。所以，固结过程就是超静水压力消散、有效应力增长和土体逐步压密的过程。

如果地基内某点的总应力为σ，有效应力为σ'，孔隙水压力为 u，则三者的关系为：

$$\sigma'=\sigma-u \tag{4-1}$$

此时的固结度 U 表示为：

$$U = \frac{\sigma'}{\sigma + u} \tag{4-2}$$

故加荷后土的固结过程表示为：

$t=0$ 时：$u=\sigma$，$\sigma'=0$，$U=0$

$0<t<\infty$ 时：$u+\sigma'=0$，$0<U<1$

$t=\infty$ 时，$u=0$，$\sigma'=0$，$U=1$（固结完成）

用填土等外加荷载对地基进行预压，是通过增加总应力σ，并使孔隙水压力 u 消散来增加有效应力σ'的方法。降低地下水位和电渗排水则是在总应力不变的情况下，通过减小孔隙水压力来增加有效应力的方法。真空预压是通过覆盖于地面的密封膜下抽真空膜使内外形成气压差，使黏土层产生固结压力。

土层的排水固结效果和它的排水边界条件有关，如果土层厚度相对荷载宽度（或直径）来说比较小，这时土层中的孔隙水向上下两透水层面排出而使土层发生固结，称为竖向排水固结。根据固结理论，黏性土固结所需的时间和排水距离的平方成正比，土层越厚，固结延续的时间越长。为了加速土层的固结，最有效的方法就是增加土层的排水途径，当设置砂井、塑料排水板等竖向排水体等以缩短排水距离时，土层中的孔隙水主要从水平向通过砂井排出和部分从竖向排出。砂井缩短了排水距离，因而大大加速了地基的固结速率或沉降速率。

五、砂井法

砂井法包括普通砂井、袋装砂井等，是指在软黏土地基中，设置一系列砂井，在砂井之上铺设砂垫层或砂沟，人为地增加土层固结排水通道，缩短排水距离，从而加速固结，并加速强度增长。砂井法通常辅以堆载预压，称为砂井堆载预压法。砂井法施工现场如图 4-3 所示。砂井未添加渗透材料时称为竖井。

适用范围：适用于透水性低的软弱黏性土，但对于泥炭土等有机质沉积物不适用。

图 4-3　砂井法施工现场图

（一）竖井的尺寸和布置

根据以上工程特点，竖井直径可小到 7～12cm。竖井间距是指相邻砂井中间的距离，是影响固结速率的主要原因之一。竖井间距一般为竖井直径的 6～10 倍，常用 1～2m。竖井平面布置形式有正三角形［图 4-4（a）］和正方形［图 4-4（b）］两种。当竖井为正方形排列时，每个竖井的影响范围为正方形；正三角形排列时，每个竖井影响范围为正六边形，如图 4-4（a）中虚线所示。在实际进行固结计算时，Barron 建议将每个排水井的影响范围化作一个等面积圆来求解，等效圆的直径 d_e，与排水井距 l 的关系如下：

等边三角形排列时：
$$d_e=\sqrt{\frac{2\sqrt{3}}{\pi}}l=1.050l \tag{4-3a}$$

正方形排列时：
$$d_e=\sqrt{\frac{4}{\pi}}l=1.128l \tag{4-3b}$$

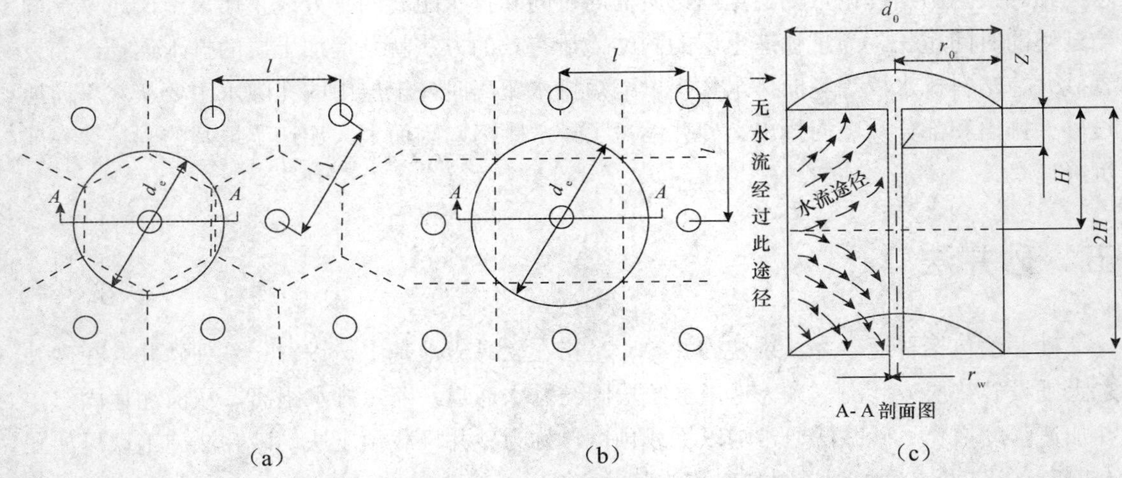

图 4-4　竖井平面布置图及影响范围土柱体剖面

（a）一等边三角形排列；（b）一正方形排列；（c）剖面图

（二）竖井的深度

竖井深度一般为 10～20m，具体应用时，需根据软土层的厚度、荷载大小和工程要求而定。一般来说，竖井不一定都要穿过整个软土层，当软土层不厚、底部有透水层时，竖井应尽可能穿透软土层。在竖井顶部应铺设砂垫层，可作为良好的排水通道，并与各砂井连通，从而将水排至场地以外。

（三）竖井的施工工艺

（1）将钢套管（下端用可开闭的底盖或预制桩靴）打入土中要求的深度（管径较砂袋直径大，一般袋装砂井直径为 7cm，导管采用 89mm×3.5mm 无缝钢管）。

（2）将准备好的砂袋，长度比砂井长 2m，扎好下口后向袋内灌入洁净的中粗砂约 20cm 上下（高度）作为重压，放到套管沉到要求深度。

（3）在将砂袋放入套管内不能达到要求深度，会有一部分拖留在地面，此时需机械排泥处理，继续下沉达到规定深度。

（4）将袋口固定于装砂漏斗，通过振动装砂入袋，砂装满后，卸下砂袋，拧紧套管上盖，然后一般把压缩空气送进套管，一边提升套管直至地面。

（四）竖井地基的固结度计算

固结度的计算是竖井地基设计中一个很重要的内容。因为知道各级荷载下不同时间的固结度，就可推算地基土强度的增长，从而可进行各级荷载下地基的稳定性分析，并确定相应的加载计划。竖井地基的固结理论都是假设荷载是瞬时施加的，所以本部分主要介绍瞬时加荷条件下固结度的计算。

1. 理想井排水条件固结度的计算

前面已经说过，当竖井为正三角形排列时，一个井的有效排水范围为正六边形柱体，正方形排列时为正方形柱体。为简化起见，上述土体住可用等面积的圆柱体替代。图 4-4（c）表示直径为 d_e，高度为 $2H$ 的圆柱体黏土层，中间是直径为 d_w 的竖井，黏土层上下面均为排水面，在一定压力下，土层中的固结渗流水沿径向和竖向流动。如以圆柱坐标表示，设任意点（r, z）为 u，则固结微分方程为

$$\frac{\partial u}{\partial t}=C_{\mathrm{V}}\left(\frac{\partial^2 u}{\partial r^2}+\frac{1}{r}\cdot\frac{\partial u}{\partial r}+\frac{\partial^2 u}{\partial z^2}\right) \tag{4-4a}$$

当水平渗透系数 k_h 和竖向渗透系数 k_v 不等时，则上式应该写为

$$\frac{\partial u}{\partial t}=C_{\mathrm{V}}\frac{\partial^2 u}{\partial z^2}+C_{\mathrm{h}}\left(\frac{\partial^2 u}{\partial r^2}+\frac{1}{r}\cdot\frac{\partial u}{\partial r}\right) \tag{4-4b}$$

式中　t——时间；

C_{V}——竖向固结系数；

C_{h}——径向固结系数（或者称为水平向固结系数）。

竖井固结理论中有如下假设条件：

（1）每个井的有效影响范围为一圆柱体。

（2）在影响范围水平面积上的荷载是瞬时施加且是均布的。

（3）土体仅有竖向压密变形，土的压缩系数和渗透系数是常数。

（4）土体完全饱和，加荷开始时，荷载所引起的全部应力由孔隙水承担。

根据边界条件，直接对式（4-4a）、式（4-4b）求解，在数学上是困难的。A.B.Newman（1931 年）和 N.Garrillo（1942 年）已证明式（4-4a）、式（4-4b）可用分离变量法求解，即式（4-4a）、式（4-4b）可分解为

$$\frac{\partial u}{\partial t}=C_{\mathrm{v}}\frac{\partial^2 u_{\mathrm{z}}}{\partial z^2} \tag{4-5}$$

$$\frac{\partial u_r}{\partial t}=C_{\mathrm{h}}\left(\frac{\partial^2 u_{\mathrm{r}}}{\partial r^2}+\frac{1}{r}\cdot\frac{\partial u_{\mathrm{r}}}{\partial r}\right) \tag{4-6}$$

亦即分为竖向固结和径向固结两个微分方程。根据边界条件对以上两式分别求解，算出竖向排水平均固结度和径向排水水平固结度，最后再求出竖向和径向排水联合作用时整个竖井影响范围内土柱体的平均固结度。

2．竖向排水平均固结度

对于土层为双面排水条件或者土层中的附加应力为均匀分布时，某一时间竖向固结度的计算公式为

$$\bar{U}_{\mathrm{z}}=1-\frac{8}{\pi^2}\sum_{m=1,3\cdots}^{m=\infty}\frac{1}{m}\mathrm{e}^{-\frac{\mathrm{m}^2\pi^2}{4}T_{\mathrm{v}}} \tag{4-7}$$

$$T_{\mathrm{V}}=\frac{C_{\mathrm{V}}t}{H^2} \tag{4-8}$$

式中　m——正奇整数（1，3，5…）。

当$\bar{U}_{\mathrm{z}}>30\%$时，可采用下式计算：

$$\bar{U}_{\mathrm{z}}=1-\frac{8}{\pi^2}\mathrm{e}^{-\frac{\pi^2 T_{\mathrm{v}}}{4}} \tag{4-9}$$

式中　$\bar{U}_{\mathrm{z}}$——竖向排水平均固结度（%）；

e——自然对数底，自然数，可取e=2.718；

T_{V}——竖向固结时间因数（无因次）；

t——固结时间（s）；

H——涂层的竖向排水距离（cm），双面排水时H为土层厚度的一半，单面排水时H为土层厚度。

3．径向排水固结度

求解径向固结微分方程式（4-6），Barron（1944～1948年）曾采用两种假设条件：

（1）自由应变。即假设作用于地基表面的荷载时完全柔性的、均布的。因此，每个竖井影响范围内圆柱土体中各点的竖向变形是自由的。实际上由于竖井附近土的固结要比远离竖井的点固结快，各点固结速率不同，就会产生不均匀沉降，并产生剪切变形，自由应变条件就是假设这些因素不影响应力的分布及固结速率。

（2）等应变。即作用于地基表面的荷载是完全刚性的。这时，各点的竖向变形相同，无不均匀沉降发生，这也势必导致地基应力分布不相等。

按照上述两种假设下，可求出竖井径向固结微分方程式的解如下：

$$\bar{U}_r = 1 - e^{-\frac{8}{F(n)}T_h} \tag{4-10}$$

$$T_h = \frac{C_h}{d_0^2}t \tag{4-11}$$

$$F(n) = \frac{n^2}{n^2-1}\ln(n) - \frac{3n^2-1}{4n^2} \tag{4-12}$$

式中　$\bar{U}_r$——径向平均固结度；

C_h——径向固结系数；

t——时间；

n——井径比$(n = d_0/d_w)$；

$F(n)$——与井径比有关的系数。

（3）总固结度。竖井地基总的平均固结度$\bar{U}_{rz}$，是由竖向排水和径向排水所引起的。总的平均固结度由下式计算：

$$\bar{U}_{rz} = 1-(1-\bar{U}_z)(1-\bar{U}_r) \tag{4-13}$$

（五）案例分析

1．工程概况与特点

（1）工程概况。

××高速公路第×标段工程，本标段路线全3.38km，其中路基总长1.679km，全标为整体式路基，软基处理平均宽52m。分I、II、III、IV共四区，其中I区的袋装砂井的长度为15.2m；II区为18.7m；III区为23.5m；IV区为25.1m。袋装砂井间距为1.1～1.4m的梅花桩布置，合计85543根，袋装砂井总长1 516 583.3m。本标段路基位于珠三角平原水网区，软土呈厚层状大面积连续分布，软土为淤泥及淤泥质黏性土层，呈深灰、灰黑色流塑状，压缩性高，含水量较高，工程力学性能较差（主要处理土层的物理学指标）。根据软土地质特征，设计采用袋装砂井结合砂垫层预压的垂直排水固结法预压软基处理方案。

（2）工程特点。

1）本标段软土层较厚，处理深度达15～25m。

2）袋装砂井直径小、间距小；设计袋装砂井间距为1.0～1.4m，砂井直径7cm。

3）212程量大、工期短：袋装砂井处理里程达1679m，总长1 516 583.3m，要求四个月内完成。

4）质量要求高；要求提高路基的稳定性，加快施工期沉降，减小工后沉降，增加路堤的稳定性，袋装砂井的质量直接影响施工期路基沉降。

2. 案例改进建议

每根砂井的长度均须露出地面 50～100cm，伸入砂垫排水层以利于排水通道流畅，如果长度所留很少或多余过多（可能砂袋被拔套管时部分带出）皆应重新施工，以保证成井质量。

采用袋装砂井时，砂袋必须选用透水性和耐水性好以及韧性较强的麻布、再生布或聚丙烯编织布制作。

灌入砂袋的砂应捣固密实；砂井位置的允许偏差为该砂井的直径。一般情况下，预压荷载的大小宜接近设计荷载，必要时可超过设计荷载 10%～20%。当达到以下条件时，可以进行卸荷：

（1）是地面总沉降量达到预压荷载下计算最终沉降量的 80%以上。

（2）理论计算的地基总固结度达到 80%以上。

（3）地面沉降速度已降到 0.5～1.0mm / d 以下 。

六、塑料排水带法

（一）塑料排水带特点

塑料排水板是目前使用比较广泛的排水材料，相比较砂井，具有以下特点：

（1）塑料排水板质量轻，具有良好的透水和排水性能，有一定的强度和延伸率，具备适应地基变形的能力。

（2）堆载预压材料可就地取材，成本较低。

（3）塑料排水板的断面尺寸小，插入时对地基土扰动小，连续性好，施工方便，在施工过程中其排水沟槽截面不易因受土压力作用而压缩变形。

（二）塑料排水带作用原理与设计计算方法

塑料排水带的作用原理和设计计算方法和砂井相同，设计计算时，把塑料排水带换算成圆柱体，对截面宽度为 b，厚度为 δ 的塑料排水带，其当量换算直径 D_p 可按下式计算：

$$D_p = \alpha \frac{2(b+\delta)}{\pi} \tag{4-14}$$

（三）塑料排水带法的工艺流程与加固原理

1. 塑料排水板法的工艺流程

塑料排水板法的施工工艺流程一般为施工准备→铺设水平排水砂垫层→排水板施工→

堆载预压→施工监测→卸载。

2. 塑料排水带法的加固原理

塑料排水带法先在地基中设置塑料排水板作为竖向排水体，然后在场地先行加载预压（或真空预压），使土体中的孔隙水排出，逐渐固结，地基发生沉降。该方法是处理软土地基的有效方法之一，它可以解决以下两个问题：

（1）沉降问题。使地基的沉降在加载预压期间大部分或基本完成，使构筑物在使用期间不致产生不利的沉降或沉降差；

（2）稳定问题。加速地基土的抗剪强度的增长，从而提高地基的承载力和稳定性。

七、预压法

预压法即是在建筑物建造以前，在建筑场地进行加载预压，使地基的固结沉降基本完成和提高地基土强度的方法。

对于持续荷载下体积会发生很大的压缩和强度会增长的土，而又有足够时间进行压缩时，这种方法特别适用。为了加速压缩过程，可采用比建筑物重量为大的所谓超载进行预压。当预计的压缩时间过长时，可在地基中设置砂井、塑料排水带等竖向排水井以加速土层的固结，缩短预压时间。适合于采用预压法处理的土是：饱和软黏土、可压缩粉土、有机质黏土和泥炭土等。无机质黏土的次固结沉降一般很小，这种土的地基采用竖向排水井预压很有效。预压法已成功的应用于码头、堆场、道路、机场跑道、油罐、桥台等对稳定性要求比较高的建筑物地基。

预压法的类型有堆载预压、真空预压、降水预压、真空联合堆载预压法。

（一）堆载预压法

在建造建筑物以前，通过临时堆填土石等方法对地基加载预压，达到预先完成部分或大部分地基沉降，并通过地基土固结提高地基承载力，然后撤除荷载，再建造建筑物。

一般临时的预压堆载等于建筑物的荷载，但为了减少由于次固结而产生的沉降，预压荷载也可大于建筑物荷载，称为超载预压。

1. 沉降计算

对于以沉降为控制条件需进行预压处理的工程，沉降计算的目的在于估算堆载预压期间沉降的发展情况、预压时间、超载大小以及卸载后所剩留的沉降量，以便调整排水系统和加压系统的设计。对于以稳定为控制的工程，通过沉降计算，可以估计施工期间因地基沉降而增加的土石方量，估计工程完工后尚未完成的沉降量，以便确定预留高度。目前工程上通常采用单向分层总和法计算沉降量，具体方法如下：地基沉降量 S 采用单向压缩分层总和法进行计算，并通过修正系 m_s 进行修正，计算公式如下：

应用单向分层总和法，将地基分成若干薄层，如分成 n 层，其中第 i 层的压缩量为

$$\Delta S_i = \frac{e_{0i} - e_{1i}}{1 + e_{0i}} \Delta \mathrm{h}_i \tag{4-15}$$

总压缩量为

$$S = m_{\mathrm{s}} \sum_{i=1}^{n} \Delta S_i \tag{4-16}$$

式中 e_{0i}——第 i 层土中点之土自重应力所对应的孔隙比；

e_{1i}——第 i 层土中点之土自重应力和附加应力之和相对应的孔隙比；

Δh_i——第 i 层土的厚度。

m_{s}——为考虑地基剪切变形及其他影响因素的综合性经验系数，它与地基土的变形特征、荷载条件、加载速率等因素有关，通常取 1.1~1.4。

2. 固结度计算

地基固结度采用太沙基和巴伦理论计算。计算地基的沉降过程采用应变固结度。计算应变固结度时通过计算不同时刻的应力固结度，根据应力固结度与应变固结度的关系，将应力固结度转变为应变固结度，由已知的最终沉降量和应变固结度得到地基的沉降过程曲线。

瞬时加荷条件下，应变固结度采用 e-p 曲线按下式计算：

$$U_{\mathrm{rz}} = \frac{\dfrac{(e_{\mathrm{a}} - e_{\mathrm{t}})U_{\mathrm{rz}}}{e_{\mathrm{a}} - e_{\mathrm{f}}}}{\dfrac{P_{\mathrm{t}} - P_{\mathrm{a}}}{P_{\mathrm{f}} - P_{\mathrm{a}}}} \tag{4-17}$$

式中 U_{rz}——瞬时加荷条件下的应变固结度；

e_{a}——压缩前的孔隙比；

e_{t}——t 时刻的孔隙比；

e_{f}——压缩后的孔隙比；

P_{a}——压缩前的固结压力；

P_{t}——t 时刻的固结压力；

P_{f}——压缩后的固结压力；

分级加荷条件下，地基在 t 时的平均固结度按下式计算：

$$U'_{\mathrm{rz}} = \sum_{i=1}^{m} U_{\mathrm{rzi}} \left(t - \frac{T_i^{\mathrm{a}} - T_i^{\mathrm{f}}}{2} \right) \frac{s_i}{\sum s_i} \tag{4-18}$$

式中 U'_{rz}——平均固结度；

U_{rzi}——第 i 层平均固结度；

t——时间；

T_i^{a}——第 i 级荷载加载的起始时间；

T_i^{f}——第 i 级荷载加载的终极时间；

m——地基土的分层数；

S_i——第 i 层竖向变形；

稳定计算采用圆弧滑动简单条分发计算。验算方法采用总应力法或者有效应力法。危险滑动面满足下式要求：

$$Y_{\mathrm{a}} M_{\mathrm{sd}} \leqslant \frac{1}{Y_{\mathrm{b}}} M_{\mathrm{Rk}} \tag{4-19}$$

式中 M_{sd}、M_{Rk}——分别为作用于危险滑弧面上滑动力矩设计值和抗滑力矩标准值；

Y_{a}、Y_{b}——分别为滑动力矩设计值经验系数和滑动体抗滑力矩折减系数。

$$M_{\mathrm{sd}}=\left[\sum R\left(q_{\mathrm{k}i} b_i+W_{\mathrm{k}i}\right) \sin \alpha_i\right]+M_{\mathrm{p}} \tag{4-20}$$

$$M_{\mathrm{Rk}}=R\left[\sum c_{\mathrm{k}i} L_i+\sum\left(q_{\mathrm{k}i} b_i+W_{\mathrm{k}i}\right) \cos \alpha_i \tan \varphi_i\right] \tag{4-21}$$

式中 R——滑弧半径；

$W_{\mathrm{k}i}$——第 i 土条的重力标准值；

M_{p}——其他原因引起的滑动力矩；

$q_{\mathrm{k}i}$——第 i 土条顶面的可变作用标准值；

b_i——第 i 土条宽度；

α_i——第 i 土条滑弧中点切线与水平线的夹角；

φ_i——第 i 土条的滑动面上的固结快剪内摩擦角；

$c_{\mathrm{k}i}$——第 i 土条的滑动面上的固结快剪黏聚力标准值。

3. 工程实例

（1）工程概况。

×××加工厂位于福建省××市外海滩，东面为在建的沿海大道，西面为海堤，厂区总面积为 20.39m^2，中间已有一条当地农民自发堆填的土堤，将整个场地分为两部分，北区以鱼塘为主，标高平均在 2.5～5.8m。南区为滩涂地，区内杂草丛生，地面较平坦，标高平均在 0.6～2.7m。根据地质勘察报告，本工程土层中含有 7～9m 厚的淤泥（Q4m），其天然密度为 1.6g/cm^3，压缩模量 1.45MPa，固结系数 0.005m^2/d，摩擦角 3.6°，黏聚力 6.8kPa。

（2）设计条件及处理方案。

本工程地面设计荷载按 20kPa 考虑，工后沉降不大于 25cm，差异沉降不大于 1.0%，厂区交工面地基承载力特征值≥150kPa。高程采用黄海高程系统，交工高程 3.60m。

本工程软土以淤泥为主，其厚度大、压缩性高，必须进行加固处理才能保证工后沉降满足要求。常用的地基处理方法主要有置换法、排水固结法、灌入固化物法和振密、挤密法四大类。其中排水固结法用于大面积软基加固时具有造价低、加固效果好、施工工艺成熟的优势，适合在本工程使用。根据不同的预压方式，排水固结法可分为真空预压和堆载预压两种施工工艺，考虑到工程地区的海砂储量丰富，海砂供应较有保障，工程性质相对好，用于回填具有施工速度快、对后续进行的地基处理施工影响小的优势。从工艺和经济两方面考虑，本次设计采用堆载预压方案。

本工程地基处理的对象是软土，主要目的是控制沉降和提高地基承载力。由于本工程靠近沿海大通道，鉴于堆载预压以球形扩张变形为主，为避免厂区施工对路基及箱涵基础的不利影响，设计计算中要进行稳定计算。所以本次设计计算的主体包括沉降、固结度和稳定。

（3）计算结果。

结合本工程，通过上述方法计算确定堆载厚度 4.7m，分 1.5m、1.5m、1.7m 三级进行堆载，考虑到建筑基础对地基承载力的要求， 第一级堆载在施工期下沉后将成为建筑物地基的主要承重层，所以堆载料采用工程性质较好的中、粗砂；为节省工程成本，第二、三级堆载采用细砂。对于施工期稳定，通过计算确定沿海大通道侧各级堆载之间的反压距离按 15m 控制，海堤侧由于软土地基已经开挖换填处理，堆载可直接放坡至海堤。沉降固结计算结果见表 4-2，稳定计算最危险断面见图 4-5。

表 4-2　　沉降、固结计算结果

计算钻孔	使用荷载下最终沉降（m）	施工期固结度 85%时沉降（m）	工后沉降（m）
1	1.15	1.03	0.12
2	1.21	1.08	0.13
3	1.13	1.03	0.10
4	1.11	0.99	0.12
5	1.03	0.94	0.09

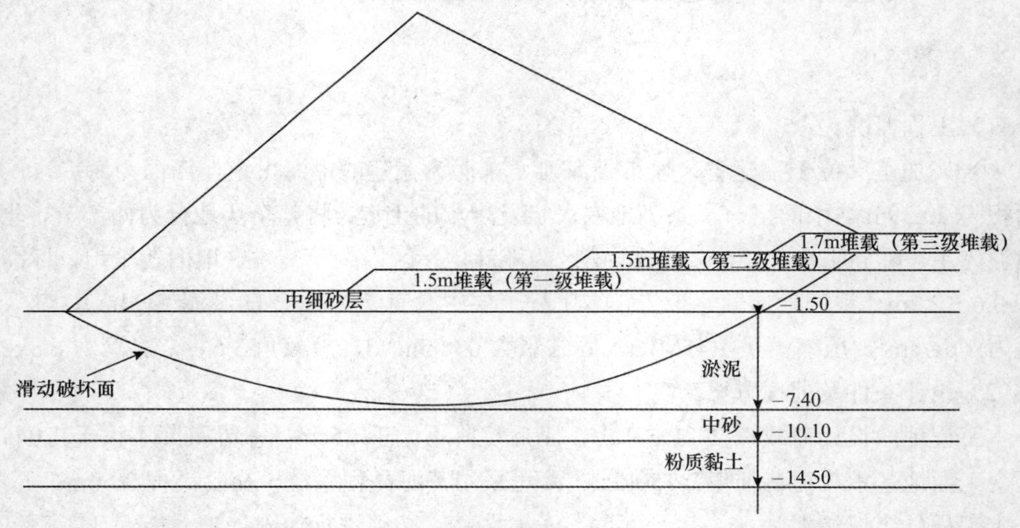

图 4-5　堆载最危险圆弧滑动面（R=1.33，半径为 45.6m）

考虑到本工程回填厚度较大，为保证边坡稳定，设计要明确各级堆载之间的间歇期，并提出各级堆载的分层厚度要求，避免一次堆载过高。本工程回填砂量较大，若整体一起施工，需外购砂 102 万 m^3，最终卸载砂为 53.2 万 m^3，资源浪费较为严重，可考虑以现有土堤为界将厂区分两期进行施工，将一期的卸载砂用于二期的堆载，这样外购砂量为 79 万 m^3，最终的卸载砂为 25 万 m^3（转运考虑 0.8 的折减系数）。可有效降低工程成本。由于本工程毗邻沿海大通道，考虑到堆载预压施工中的变形特性，施工过程中应加强对沿海大通道侧深层水平位移的监测。监测频率为加载期间每隔 24h 观测一次，满载预压期间每隔 72h 观测一次（如果在满载预压期间沉降及水平位移出现异常，应加密观测频率）。控制标准为水平位移每昼夜小于 5mm，垂直位移每昼夜小于 10mm，否则应控制加载速率或停止加载，必要时进行临时卸载。

（4）结论。

1）堆载预压施工工艺简单，质量容易控制。但要求附近有较丰富的砂源，且在堆载预压中需严格控制加载速率，避免边坡失稳。

2）对于沉降后将作为地表构筑物主要承力层的堆载料，要考虑采用工程性质较好的材料，并且要进行分层碾压施工，必要时要提出密实度要求。

3）可根据回填和卸载量的情况，对场地进行分区，以充分利用砂料，降低工程成本。

4）对于场地毗邻重要构筑物或附近有开挖施工的情况，一定要进行稳定计算，加大安全储备。并在施工过程中加强监测。

（二）真空预压法

1. 概述

在黏土层上铺设砂垫层，然后用薄膜密封砂垫层，用真空泵对砂垫层及砂井抽气，使地下水位降低，同时在大气压力作用下加速地基固结的地基处理方法称为真空预压法。真空预压法施工现场见图 4-6，其计算理论同砂井的计算理论。

图 4-6 真空预压法施工现场

适用范围：适用于能在加固区形成（包括采取措施后形成）稳定负压边界条件的软土地基。

2. 工程案例分析

（1）工程概况。

××市为滨海丘陵地带，构造体系属新华夏系第二隆起代的构造部位。东面环山，西、北两面是平原，东南临海，地势起伏不平。东部为××山脉，低山、多丘陵；中部为平原区，地势平坦，区域广大；西部为低洼、滩涂区，且少有丘陵，呈东高、中平、西低阶梯状地貌。

××市属北温带季风大陆性气候，四季变化及季风进退均较为明显，雨水丰富，年温适中，冬无严寒，夏无酷暑，气候温和，受海洋的调节作用，又表现出春冷、夏凉、秋暖、冬温，昼夜温差小，无霜期长和湿度大等海洋性气候特点。区内历年平均温度在 11～12℃之间，极端最高气温出现在 7 月中旬～8 月上旬，极端最低气温出现在 1 月下旬～2 月初。初霜期一般在 10 月中旬，终霜期一般在 4 月中旬，无霜期历年平均为 179d，平均结冰日数 109.2d，一般冻土深度 20cm,最大冻土深度为 43cm。

××公路地势南高北低勘察报告显示该区域土质为海洋沿岸沉积所致的新近向沉积软土，常有砂砾掺杂，组成较乱而不均匀，较疏松 渗透性好，天然孔隙比在 1.0～1.5 之间，是典型的淤泥质亚黏土，土层深埋 5 m，含水量 35%～40%，密度约为 1600kg/m，液限变化在 35%～38%之间，渗透系数为 2.12×10cm/s。在荷载作用下固结很慢，强度不宜提高，压缩系数 0.001kPa，属高压缩性土，具有较大的吸力和吸附力，内摩角在 0°～20°之间，见表 4-3。

表 4-3　　软土区表层正常土壤的物理-化学性质指标

指标名称 土壤类别	液性 指标	孔隙比	压缩系数	回弹模量	塑性指数	粘附力
软土区表层正常土壤	–0.12	1.3	0.918	23.12	15-20	4000pa

（2）路基施工处理要求。本道路的软土路基采用真空预压方案，预压荷载为 100kN/m，加固后在加固深度范围，地基平均固结度要求达到 80%以上，地基承载力要求不低于 100kPa。

1）地基层次分析。该地区地质条件为新近海相沉积，表层为航道清理回填土，表层软土强度低，压缩性大。地质情况为

第一层：回填土，地面标高+6.500～+1.500m，厚 5 m，回弹模量 E_s=1.96MPa。

第二层：原沉积淤泥，标高+1.500～1.5m，厚 3m，E_s=1.58MPa。

第三层：原沉积淤泥质黏土，标高–1.500～8.500，厚 7m，E_s=2.88MPa。

第四层：原沉积黏土，标高–8.500～10.500m，厚 2m，E_s=3.80MPa。

本方案采用打设塑料排水板作为排水通道。

2）垂直排水通道设计。

① 排水通道的长度与间距。该方案确定第一至第三层为可压缩层，采用塑料排水板作

为垂直排水通道。 塑料排水打入第四层 0.5m，间距 1.5m，塑料排水板正三角形排列。

② 塑料排水板的技术标准。

材料：塑料板芯外包土工布虑膜。

截面尺寸：宽度为 100mm，厚度大于 3.5mm。

纵向透水量：大于 40×10m/s。

复合体抗拉强度：大于 1.5kN/10cm。

复合体延伸率：小于 10% （拉力为 1kN/10cm）。

③ 最终沉降计算。

$$S = m_{\mathrm{s}} \sum_{i=1}^{n} \frac{\sigma_{zi}}{E_{si}} h_i$$

取 $m_{\mathrm{s}} = 1$， $\sigma_{zi} = 100\mathrm{kPa}=0.1\mathrm{MPa}$

则 $S = 1.0 \times \left(\frac{5}{1.96} + \frac{3}{1.58} + \frac{7}{2.88} + \frac{2}{3.8} \right) = 7.41(\mathrm{cm})$

④ 固结度计算。

塑料排水板打设深度：h=5.0+3.0+7.0+0.5=15.5（m）

其板宽 100mm，板厚 3.5mm，可按直径 50mm 的砂井计算，即 d_{e}=50mm。

则算出径向固结系数 C_{h}=0.29mm/s，竖向固结系数 C_{v}=0.15mm/s。

按两个月固结时间试算。

求径向固结度 $\bar{U}_{\mathrm{r}}$：

$$d_{\mathrm{e}} = \sqrt{\frac{2\sqrt{3}}{\pi}} \times 1 = \sqrt{\frac{2\sqrt{3}}{\pi}} \times 1500 = 1575(\mathrm{mm})$$

$$n = \frac{d_{\mathrm{e}}}{d} = \frac{1575}{50} = 31.5$$

$$T_{\mathrm{h}} = \frac{C_{\mathrm{h}}}{d_{\mathrm{e}}^2} \times t = \frac{0.29}{1575^2} \times 2 \times 30 \times 86400 = 0.606$$

$$F = \frac{31.5^2}{31.5^2 - 1} \cdot \ln(31.5) - \frac{3 \times 31.5^2 - 1}{4 \times 31.5^2} = 2704$$

$$\bar{U}_{\mathrm{r}} = 1 - \mathrm{e}^{-\frac{8}{\mathrm{F}} T_{\mathrm{h}}} = 1 - \mathrm{e}^{-\frac{8}{2704} \times 0.606} = 0.8335$$

求竖向固结 $\bar{U}_{\mathrm{z}}$：

按双面排水考虑，$H = \frac{15.5}{2} = 7.75(\mathrm{m})$

$$\bar{U}_{\mathrm{z}} = \frac{C_{\mathrm{v}}}{H^2} \times t = \frac{0.15 \times 2 \times 30 \times 86400}{7.75^2} = 0.01295$$

$$\bar{U}_{\mathrm{z}} = 1 - \frac{8}{\pi^2} \times \mathrm{e}^{\frac{-\pi^2}{4} \cdot T_{\mathrm{v}}} = 0.2149$$

平均固结度 $\bar{U}_{rz}=1-\left(1-\bar{U}_{z}\right)\cdot\left(1-\bar{U}_{r}\right)$

$$
\begin{aligned}
&=1-(1-0.8335)(1-0.2149)\\
&=0.87
\end{aligned}
$$

即预压 60d 后，结束沉降 0.65m，剩余沉降 0.096m，固结度达 87%，满足建筑使用要求。

3）施工程序。

① 地面整平，铺设 0.50m 厚砂垫层。

② 在砂垫层上打设塑料排水板，按正三角形布置，间距 1.5m，板长 15.5m。

③ 在砂垫层内铺设排水虑管。

④ 开挖密封沟，铺设密封薄膜，回填密封沟，填筑覆水围堰。

⑤ 设置地面沉降标。

⑥ 连接抽真空设备进行试抽气。

⑦ 正式抽气预压 60d。

⑧ 卸荷及清理现场，进行加固后的检验。

4）施工要求。

① 真空预压过程膜下真空度应不小于 10kPa。

② 材料要求：

密封膜应采用三层聚氯乙烯薄膜，厚度为 0.12～0.14mm，注意边缘搭叠，以防漏气。

砂垫层采用中粗砂，要求集配良好，无杂质，含泥量应小于 3%。

③ 塑料排水板必须符合前述要求。

④ 覆水围堰，采用素土分层压密。

⑤ 施工质量要求：

真空预压稳定标准采用双控，满载预压 60d，最后 10d 沉降量平均值不大于 1mm/d。

打设塑料排水板定位偏差不大于 7cm，打设深度误差不大于 5cm，桩头外露至少 20cm，最外两排桩增加 2cm。塑料排水板上拔应小于 10cm，若拔管带桩，在 10～30cm 内连续两根时，应补打。

（3）结论。

真空预压法成功地解决了软土地基存在的问题。结合工程当地的实际情况，通过精密设计计算的，运用成熟的计算公式，严格按照国家标准的要求进行施工，使地基平均固结度要求达到 80%以上，最大限度的满足了路基施工的需要。不足之处是造价有些偏高，同时工期较长，可灵活进行施工组织安排。

（三）真空-堆载联合预压法

1. 堆载预压法加固原理

堆载预压法主要通过堆载预压或超载预压在软土基上施加荷载，使地基超静水压力消散、有效应力增长以及地基土强度提高。具体做法是在土基中打入砂井，增加土体中的总应力以提高土中的孔隙水压力，等增加的孔隙水压力消散后再增加土体的有效应力，其对地基的加固效果跟堆载的大小和超静孔压的消散程度有直接关系。堆载预压法施工现场见图 4-7。

图 4-7　真空-堆载联合预压法施工现场

2. 真空预压法加固原理

真空预压法是借助抽真空装置使土体中产生压力差，使孔隙水排出，从而达到加固软土地基的目的。其具体做法是在需加固的软土地基上覆盖一层不透气的膜使软基与大气隔绝，然后借助抽真空装置和埋设在垫层上的管道，在垫层和排水通道中产生较高的真空度，使土体中压力差增大，孔隙水逐渐流到井中而达到软基加固的目的。真空预压法是在保持总应力不变的同时使孔隙水压力降低，从一开始就增加了有效应力，其对地基的加固效果依赖于真空度的稳定维持和有效传递。

3. 真空联合堆载预压法的加固机理

真空联合堆载预压法是真空预压法的基础上发展开来的。该方法利用真空预压法与堆载预压法加固效果可以叠加的特点。将真空预压法与堆载预压法结合在一起同时实施，联合施工，以取得真空预压法和堆载预压法不能达到的效果。它是先对软土地基进行真空预压，当膜下真空度达到设计要求并稳定 1～2 周后，再在薄膜上堆载进行预压。其实质为土体同一时间在薄膜上的堆载与薄膜下的真空荷载联合作用下，加速排出水分。加快固结，从而提高土体强度。设土体本来承受一个大气压 P_0，进行真空预压时，膜下形成真空，其真空度换算成等效压力为 P_1，压差 P_0-P_1 使土体中的水流向砂井。进行堆载预压时，通过压载，土体中的压力增高至 P_2，压差 P_2-P_0 使土体中的水流向砂井。在真空堆载联合作用时，两者的压差为 $P_2-\left(P_0-P_1\right)$。压差增大加速了土体中水的排出，减小了土体的孔隙比，提高了压密率，使沉降进一步消除，进一步提高了土体的强度。真空联合堆载预压法在深厚软基上可以获得比真空预压法更大的预压荷重，因而在实际工程中的应用极其广泛。

4．工程案例

（1）工程概况。

工程位于××省某高速公路试验段，该段路基软土深厚，采用真空堆载联合预压法加固地基，处理宽度约25m。其地层分布情况自上而下分别为

① 素填土层，杂色，主要由块石、砂碎石等组成，厚0.5m左右。

② 黏土，灰色，可塑—硬塑状态，厚2.2m左右。

③ 淤泥，灰色，流塑状，含水量66.0%，孔隙比$e_0=1.82$，压缩模量$E_s=130\text{MPa}$，厚20.2m左右。为主要压缩层。

④ 砾石，灰黄色，中密状。黏性土含量小于20%，厚度为2.8m。埋深在22.9～25.7m，天然的排水层，塑料排水板应避免进入此层。

⑤ 淤泥质黏土，深灰色，饱和，软塑，局部为黏土，厚度为3.8m。

⑥ 卵石，稍密-中密状，黏性土含量小于20%，埋深在30.5～33.6m为天然的排水层。

（2）施工情况。

塑料排水板按五角星状布置，间距1.4m，打设深度为22m。1999年11月25日正式抽空，由于薄膜出厂时搭接处密封性不好，刚开始十天左右真空度不稳，在65kPa左右。后来真空度基本均维持在80kPa以上，满足设计要求。近6000m^{2}的加固区。只用三台真空泵。就可以保证膜下真空度维持在80kPa以上。

在开始抽真空后，沉降速率增加迅速，几天内即达到10.8mm/天，仅15天的时间，地基的沉降量就达到了10.05cm，尽管沉降速率和沉降量比较大，地基没有出现失稳。然后，真空度维持不变，沉降速率开始减慢，这说明地基的渗流并不是稳定的。

2000年2月12加堆载后，沉降速率急剧增加，最大可达到11.8mm/d。而且地基没有发生失稳。这说明在真空荷载作用下，地基的强度有了明显的提高，在效果上，真空荷载对堆载荷载有一定的抵消作用。二者的叠加作用使地基固结加快，并且真空荷载很好地改善了地基的稳定性。当堆载荷载达到一定程度以后，随着荷载的继续施加，沉降速率逐渐减小。但是在短短的两个月内填土高度达到了5.5m，这是堆载预压所达不到的。堆载结束后，沉降速率进一步减小，但是土体沉降仍然在持续发展。4月28日，沉降速率已经降至1.3mm/d。5月3日卸除真空荷载，5月6日测得沉降量仅为0.1cm。

根据观测得出。只作用真空荷载时，差异沉降只有3cm，这是因为土体在真空荷载作用下等向固结。堆载荷载施加后，由于附加应力的作用，差异沉降迅速增加，5月6日达14cm。可见差异沉降主要由堆载荷载引起。

5．真空堆载联合预压法优点

真空堆载联合预压加固软基法作为一种新的软基的加固方法，在施工造价、工期以及环保等方面都比传统的方法其有优越性，但是因为发展的时间较短，真空堆载联合预压法在加固机理、施工工艺、设计思路和加固效果等方面都仍然存在着很多值得进一步研究和

完善的地方。

(1)真空堆载联合预压法利用大气作为一部分荷载加固地基，可以减少大量借方和弃方，缩减了堆载预压材料的使用量，不仅可以节省大量的费用，而且施工工艺较环保。具有更高的社会效益和经济效益。

(2)真空堆载联合预压法加固软土地基的过程中。地基在真空负压与堆载正压的相互作用下，土体在加固过程中的侧向变形指向加固体内，与堆载引起的向外的侧向变形相抵消，在加载过程中不会发生地基失稳，加固过程安全可靠，不需要刻意控制堆载施加速度。

(3)真空堆载联合预压过程中。由于抽气产生真空，大气压差使上体中的封闭气泡排出，并且由于堆载产生的压力，提高了孔隙水排出的速度，加快了固结过程，缩短了固结时间。

(4)真空预压加固过程中土体产生的向加固区内的变形，与堆载预压法产生的垂直变形的联合作用使地基的加固效果更加明显。加固后地基土的强度可以提高2～3倍，加固效果明显。

(5)真空堆载联合预压法中真空荷载使土体产生等向固结过程，提高了土体的抗剪强度，同时增大了无剪应力，降低了堆载预压剪应力引起的地基的抗剪强度的衰减。

(6)真空荷载施加难度低，时间短。地基土不会发生剪切破坏，抽真空一段时间后路基填土可以连续施加。不需间歇，大大缩短了施工期。

八、降低地下水位法

(一)概述

若地下水位较高，当开挖基坑或沟槽至地下水位以下时，由于土的含水层被切断，地下水将不断渗入坑内，这样不仅使施工条件恶化，而且土被水浸泡后会导致地基承载能力的下降和边坡的坍塌。为了保证工程质量和施工安全，做好施工排水工作，保持开挖土体的干燥是十分重要的。

轻型井点是沿基坑四周以一定间距埋入直径较小的井点管至地下蓄水层内，井点管上端通过弯联管与集水总管相连，利用抽水设备将地下水通过井点管不断抽出，使原有地下水位降至基底以下。施工过程中应不间断地抽水，直至基础工程施工结束回填土完成为止。

(二)轻型井点设备及井点布置

1. 轻型井点设备

轻型井点设备由管路系统和抽水设备组成。管路系统由滤管、井点管、弯联管和总管组成。抽水设备常用的是真空泵设备。

2. 轻型井点设备工作原理

轻型井点是利用真空原理提升地下水的。由于真空泵不断抽吸，井点管内产生真空（负压），于是地下水在大气压力作用下从土壤孔隙内向压力较低的孔隙内流动，一直流到压力最低的井点管里，经过过滤箱，分离出水中细砂，再被提升到水气分离器，地下水由水泵排走，空气集中在上部由真空泵排出。当水多来不及排出时，水气分离器内的浮筒靠水的浮力托举向上，将通向真空泵的通路关住，防止水进入真空泵。

3. 井点布置

轻型井点的布置要根据基坑平面形状及尺寸、基坑的深度、土质、地下水位高低及流向、降水深度要求等因素确定。

（三）工程实例

1. 工程概况

某工程紧邻江岸。水文地质勘测报告表明：自然地面以下 1m 为亚黏土，其下 8m 厚为细砂层，再下为不透水层。地下水位于地面下 1.5m 左右。该工程拟开挖的基坑长 12m，宽 8m，深 3.5m，根据降水深度及土质情况选用轻型井点法降低地下水位。

2. 井点尺寸及布置

井点管采用管径为 65mm 的无缝钢管，长 6m，上端用弯联管与总管连接，下端配有 1m 的滤管，滤管的管壁上钻有直径 19mm 的小圆孔，外包两层滤网，管壁与滤网之间用铁丝绕成旋形隔开，滤网的外面用粗铁丝网保护。总管由管径 100mm 的无缝钢管分节连接而成，每节长 4m。

平面布置：根据土质情况，选定边坡坡度为 1:0.5。基坑上口尺寸为 12m×16m。基坑宽度较大，平面布置为环状井点，为防止局部漏气，井点管距基坑壁 lm，所以总管长度为

$$L=(12+2+16+2)\times 2=64(\mathrm{m})$$

式中，2 是由于井点管距离基坑壁的距离为 1m，则井点管围成的矩形长宽均增加 2m。

高程布置：为降低井点管的埋置面，将总管埋设在地面下 0.5m 处，需要先开挖深 0.5m 的沟槽，在槽底铺设总管。

基坑中心要求降水深度

$$S=3.5-1.5+0.5=3.5(\mathrm{m})$$

采用一级轻型井点，井点管的埋设深度 H（不包括滤管）通过下列公式计算

$$H \geqslant H_1+h+IL$$

式中 H_1——井点管埋置面至基坑底面的距离；

h——基坑底面至降低后的地下水位线的距离；

I——水力坡度；

L——井点管至基坑中心的水平距离。

所以：$H=3.5-0.5+0.5+1/10\times14/2=5.2(\text{m})$

选用直径为 50mm，长 6m 的井点管，以及直径为 50mm，长 lm 的滤管，埋入土层中 5.8m 处（井点管露出地面 0.2m）。

3. 轻型井点计算

（1）基坑涌水量。井点管和滤管全长为 7m，滤管下端距不透水层 1.7m，基坑长宽比<5，为无压非完整井轻型井点。另外现场实测土壤的渗透系数为 5m/d。

无压非完整井基坑涌水量按下列公式计算：

$$Q=1.366K\frac{(2H_0-S)S}{\lg R-\lg x_0}$$

式中 Q——无压非完整井轻型井点总涌水量（m^3/d）；

K——土的渗透系数（m/d）；

H_0——抽水影响深度（m）；

S——基坑中心的水位降低值（m）；

R——抽水影响半径，$R=1.95S\sqrt{H_0K}$；

x_0——环状轻型井点的假想半径（m），$x_0=\sqrt{\dfrac{F}{\pi}}$，其中 F 为环形井点系统所包围的面积（m^2）。

经计算：$H_0=1.85\times(4.8+1)=10.73(\text{m})$

$R=1.95\times3.5\sqrt{7.5\times5}=41.79(\text{m})$

$x_0=\sqrt{\dfrac{14\times18}{3.14}}=8.95(\text{m})$

故 $Q=1.366\times5\times\dfrac{(2\times7.5-3.5)\times3.5}{\lg41.79-\lg8.95}=410(\text{m}^3/\text{d})$

有效抽水影响深度 H_0 为经验值，查表 4-4；当算得的 $H_0>$ 实际含水层厚度 H 时，H_0 取 H 值，l 为滤管长度（m）。

表 4-4　　H_0 取值表

S（S+1）	0.2	0.3	0.5	0.8
H_0	1.3（$S+l$）	1.5（$S+l$）	1.7（$S+l$）	1.85（$S+l$）

（2）井点管数量计算与井距确定。

井点管数量按下列公式确定：

$$n=1.1\frac{Q}{65\pi dl^3\sqrt{k}}$$

式中 1.1——备用系数，考虑井点堵塞等因素；

n——井点管数量；

d——滤管直径（m）；

l——滤管长度（m）；

k——土的渗透系数（m/d）。

故
$$n = 1.1 \times \frac{410}{65 \times 3.14 \times 0.05 \times 1 \times \sqrt[3]{5}} = 26$$

$$井距 D = \frac{L}{n} = \frac{64}{26} = 2.46(\text{m})$$

确定井点管数量为 26 根，井距为 2.4m。

（3）抽水设备的选择。

总管长度为 64m，选用 W5 型干式真空泵抽水设备。最低真空度

$$h_k = 10 \times (6+1) = 70(\text{kPa})$$

水泵所需的流量

$$Q_1 = 1.1 \times 410 = 451(\text{m}^3/\text{d}) = 18.8(\text{m}^3/\text{h})$$

水泵的吸水扬程

$$H_s \geqslant 6 + 1 = 7(\text{m})$$

根据水泵的流量与扬程，选择 2B19 型离心泵，其流量为 11～25 m^3/h，吸水扬程为 6～8m，满足要求。

4. 井点施工与运行

（1）井点安装。施工顺序是：先排放总管，再埋设井点管，然后用弯联管将井点管与总管连接，最后安装抽水设备。

1）井点管的冲孔。采用冲孔法成孔，冲管直径 70mm。冲管长度 7m，下端装有圆锥冲嘴，在冲嘴的圆锥面上钻有 3 个喷水小孔，各孔之间焊有三角形立翼，以辅助水冲时扰动土层，便于冲管更快下沉。冲管上用胶皮管与高压水泵连接，利用起重设备将冲管吊起插在井点的位置，利用高压水将土冲松，冲管边冲边沉，冲孔时应使孔洞垂直，上下孔径一致，冲孔直径为 300mm，直至比滤管深度低 0.5m 时为止，关闭水枪后拔出。

2）井点管的埋置。井孔冲成后，拔出冲管，立即插入井点管，并在井点管与孔壁之间填灌厚度 80mm 的粗砂滤层，充填高度达到滤管顶以上 1m，然后用黏土封闭。

（2）井点运行。井点管沉设完毕，即可接通总管和抽水设备，然后进行试抽。要全面检查管路接头的质量，井点出水状况和抽水机械运转情况等，如发现漏气和死井（井点管淤塞）要及时处理，检查合格后，井点孔口到地面下 0.5～1m 的深度范围内应用黏土填塞，以防漏气。

轻型井点使用时应连续抽水。时抽时停，滤网易堵塞，也易抽出泥砂和使出水混浊，

并可能引发附近建筑物地面沉降。抽水过程应调节离心泵的出水阀，控制出水量，使抽水保持均匀。降水过程中应按时观测流量、真空度和井内的水位变化，并做好记录。

5. 总结

通过井点管抽出地下水，2d以后通过观测孔发现地下水位降至坑底以下，形成了稳定的水位曲线，由于在开挖及基础工程施工过程中利用该轻型井点设备连续稳定地降低了地下水位，使所挖土体始终保持干燥状态，从根本上解决了地下水涌入坑内的问题，使土方开挖正常进行，保证了工程质量和施工安全。

九、电渗排水法

（一）概述

电渗法是一种利用电能对地基进行加固的地基处理方法。由于电渗法需要消耗大量的电能，因此，在很长一段时间内，对电渗法的研究是以室内试验研究为主，而现场应用却不多见。随着我国吹填造陆工程规模的不断扩大，吹填土料日趋紧张，越来越多的疏浚土料被用来进行造陆工程。疏浚土往往具有细颗粒、高塑性、低渗透等特性。采用常规排水固结法加固这种地基时，初期效果比较显著，但后期加固效果明显下降，表现为后期沉降缓慢，加固后的强度值较小。加固效果并非十分理想。电渗加固效果对土颗粒大小并不敏感，比较适合对细颗粒土进行加固。因此电渗法很可能成为此类土的一种高效且造价可以承受的地基加固方法。从理论和应用上，电渗用于地基加固仍有若干问题需要进行研究与澄清。

（二）加固机理及方法分析

1. 加固机理

电渗加固机理已经基本明朗。土是固—液—气三相分散系。土的固相即土颗粒表面通常带有负电荷，在外加电场作用下，向电势高处运动，此现象称为电泳；土的液相即土中水，它极易和被溶解的物质如水中的阳离子结合成水化阳离子，在外加电场作用下，向电势低处运动，此现象称为电渗。如果将汇聚于阴极的水不断排出。就可以降低地基土的含水率，如果再辅以一定的措施提高土骨架的密度。就能使土体强度不断提高。

以上是电渗法的排水加固机理。实际上，电渗加固中，在阴阳极会产生电解水作用，从而进一步降低土体含水率。因此，若采用不腐蚀材料（如电动土工合成材料）作为电极，电渗可以看成一种排水固结法。当采用可腐蚀的金属材料作为电渗电极时，电渗加固机理还包括膨胀加密、电蚀等复杂的电化学作用，而电化学作用的效果还相当显著。但由于电化学作用很难从理论上进行定量描述，因此，本文的讨论以电渗加固中的排水固结为主。

2. 土性适应性

影响电渗排水固结的土性指标主要有土体电渗透系数、电阻率和水力渗透系数。

（1）电渗透系数。电渗透系数为单位电势梯度作用下土体中因电渗产生的渗透流速，其作用与常规排水固结法中的水力渗透系数作用相当。电渗透系数越大，电渗透流速越大，土体排水速度越快，因此强度增长越快。根据 Heimholtz—Smoluchowsk 理论，电渗透系数与孔隙比有关，与土颗粒的大小无关，有试验指出含水率和含盐量也会影响电渗透系数。

（2）电阻率。土体电阻率会影响单位电流密度作用下的电势分布，如果土体电阻率过小，在阴阳两极产生的电势差会很小，而阴阳两极的电势梯度与电渗透流速的大小是成正比的。在实际加固工程中，过大的电流会引起诸多不便：一方面，过大的电流会导致阳极腐蚀速度过快，可能会在加固结束前电极既已腐蚀失效；另一方面，过大的电流会导致电能在导电线路上由于发热而产生过多的损耗，降低电能的利用率。有研究指出影响土电阻率的主要因素为：含水率、孔隙水的导电性、饱和度、土的种类。值得注意的是，港口工程中经常遇到的土为吹填土，其电阻率通常较小，这会增加电渗加固的难度。

（3）水力渗透系数。水力渗透系数也是影响电渗固结的重要因素。水力渗透系数影响着土体固结系数。从电渗固结理论来看，在电渗作用下。土体固结的速度（即固结度发展的速度）是被固结系数控制的，因此水力渗透系数越大，意味着土体固结越快，与电渗透系数无关。可以近似将电渗视为一种附加荷载，在电渗作用下，土体排水速度加快，但从固结度的大小来看，相同的加固时间与不加电渗的情况是相同的。

由影响电渗排水固结的土性指标可指出：水力渗透系数大的土比较适合电渗加固。但是，不尽适用。首先，水力渗透系数大（常常表现为塑性指数小）的土，用常规的排水固结法（堆载预压、真空预压等）往往就能达到很好的加固效果，且较为经济。

其次，对水力渗透系数大的土体进行电渗加固，若不能有效隔离周围水源，则电渗排水水体很容易就被水力渗透进来的水体所补充，达不到降低含水率的目的。

最后，常规排水固结法只对土体中的游离水有效，电渗则可以排出部分弱结合水。水力渗透系数大的土常常颗粒较大，结合水占比重较小。

水力渗透系数小的土常常颗粒较小，结合水比重大。因此，对于细颗粒土，特别是到了加固后期，结合水的含量将很高，用常规排水固结法来加固效果较差，但用电渗来进行加固是比较理想的。当然，当水力渗透系数太小时，土中水体的排出会相当困难，如果仅考虑电渗的排水作用，加固周期就会太长。

因此，单从排水固结考虑，电渗法适合加固的是土体电渗透系数和电阻率较大、水力渗透系数适中的土体。

以上是从排水固结的方面分析的。必须指出，当采用可腐蚀的钢筋电极时，电化学作用的加固效果往往相当显著。对于高塑性的软土而言，其水力渗透系数常常很小，但用电渗可以收到很好的加固效果，这是单考虑电渗的排水固结所不能解释的，必须考虑电化学作用。

3. 等效加固荷载

如果不考虑电化学作用，可以将电渗视为排水固结法。做为一种排水固结法，工程技术人员常常把电渗与真空预压、堆载预压等常规排水固结法进行比较，并试图得到电渗的等效加固荷载。

根据电渗固结理论，对于理想的边界条件下，经过足够长的时间后，在土体中可以产生正或负的超静孔隙水压力。孔压的分布与电极布置形式和边界的透水性相关。对一维情况，当阴极排水、阳极不排水时，土体中孔压为负值，其分布为

$$u(x) = -\frac{k_e}{k_h}\gamma_w V(x) \tag{4-22}$$

式中　$u(x)$——孔隙水压力；

k_h——水力渗透系数；

γ_w——水的重度；

$V(x)$——任意点的电势，假设阴极电势为零。

此超孔压为三角形分布（图 4-8），由于此超孔压为负压，因此必然引起土体有效应力的增长，导致土骨架变得密实，从而提高土体强度，此超孔压可以看成一种形式的加固荷载。从式（4-22）还可以看出，对于水力渗透系数较小的土体，其等效加固荷载反而更大。

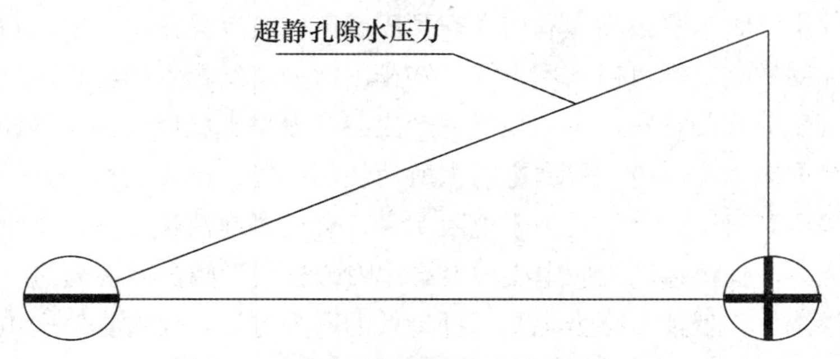

图 4-8　一维电渗固结超静孔隙水压力分布

一般来讲，要达到式（4-22）的超孔压是很困难的，一是边界条件不会非常理想，其次要达到此孔压分布，需要的时间很长。另外，电渗加固中土体的电阻率等参数发生了变化，几乎不可能出现式（4-22）的三角形分布。

基于排水固结理论的电渗设计一般只考虑电渗的排水作用，即只考虑电渗渗流部分。排水固结法中土体强度的增长来自土体的固结，而固结包括渗流和土骨架的变形两部分。如果只有渗流而没有土骨架的变形，土体强度是很难增长的。因此，对于电渗加固，更为理想的加固方式是与其他方法的联合，以电渗或与其他方法的联合排出水分，以其他外力使土体骨架变密实。这也是电渗常常需要与真空预压或者强夯联合的原因。

4. 电极材料

单从排水固结考虑，理想的电渗电极应该具备良好的导电性能，同时不发生电化学腐

蚀。贵重金属如铂是非常理想的电极材料，但其价格昂贵，几乎不可能应用于地基处理。能导电的炭黑也似乎是较好的电极材料，但炭黑有强度和韧性较差，对发热敏感等缺点，因此适用性也受到了限制。

实际工程中更多采用的是钢筋或钢管电极，其电蚀作用虽然有利于土体强度的增长，但存在不好控制加固周期、造价高等缺点。虽然法拉第电解定律可以得出电极腐蚀量和电流与加固时间的关系，但实际操作上，仍然很难预留合适的电极腐蚀量，因为加固周期很难确定。其原因在于土体电阻率和电渗透系数在加固中不为常数，很难通过理论公式计算出加固周期，因此就很难预留阳极的腐蚀量。预留少则导致电渗未加固完毕电极已经腐蚀失效，预留过多则产生浪费。

电动土工合成材料是近几年国际上出现的一种新型材料，可以作为电渗电极使用。它既可以作为排水通道，又可以作为不腐蚀电极使用，可以使电渗加固易于控制，是电渗电极发展的一种新的思路，可能会对电渗技术的推广应用产生积极的影响。国内也进行了相关的研究工作，但未见成熟的技术方案。

（三）电渗法与其他方法的联合

真空预压联合电渗适用于塑性指数稍大的黏土和粉质黏土。对初始含水率较高的软土尤为适合。纯电渗电能消耗大，用电渗来排真空预压就可以排出的自由水并不经济。在加固初期，被加固土体含水量很高，利用真空预压就可以较容易排出土中的自由水，无需使用电渗；到了加固后期，则可以利用电渗能够排出部分弱结合水的特点，进行真空预压联合电渗加固。真空荷载的存在，可以使电解产生的、聚集于电极处的氢气和氧气更容易逸出，从而减小界面电阻，减少在界面电阻上所消耗的电能。电渗过程中，土体中特别是阳极附近往往产生微裂缝。微裂缝处由于电阻率大，会过多地消耗电能。真空荷载对土体的作用近似为球应力，使土体产生向中心的聚集，因此有利于减少微裂缝的产生。

真空—电渗降水—低能量强夯也是一种有效的联合方法，通过真空和电渗降水后，采用低能强夯提高土骨架密实度，从而提高土体强度。

（四）相关实用技术

“电极转换”“间歇通电”都是提高电渗能量利用率的实用技术，但还需要进行更加深入的研究。

由于电渗中土中水体自阳极向阴极运动，因此，电渗加固区域主要在阳极附近，实施“电极转换”后，原来阴极处的土体也能得到加固，因此“电极转换”能加强地基处理均匀性。另外，对于阳极腐蚀情况，由于“电极转换”使得电极能交替被腐蚀，因此能充分利用材料。

有研究表明，随着电渗的进行。由于阳极附近水分被疏干，因此阳极附近土体电阻率显著上升，这会导致电能过多地损耗在阳极附近，从而降低了电能利用率。间歇通电的作用在试验中得到了验证。间歇通电期（电流 20A，通 8h，停 4h）电压的典型变化过程见图 4-9。

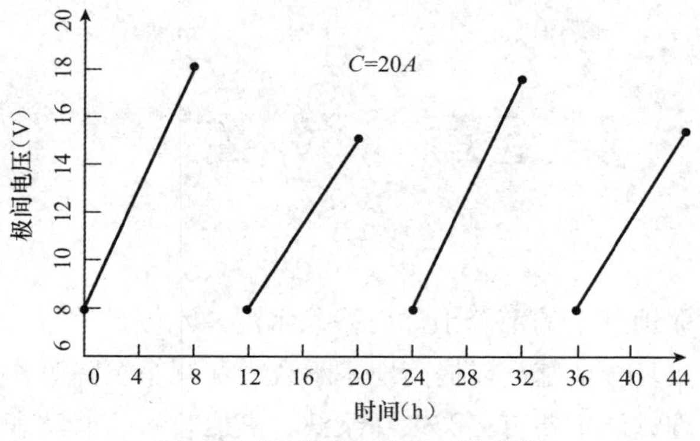

图 4-9　间歇通电时极电压变化

由图 4-9 可见，通电期间的 8h，极间电压显著升高。间歇 4h 重新通电，初始极间电压显著下降，随着通电的进行，极问电压再次上升。在间歇期间。被疏干的阳极含水率升高，同时电解水汇集于电极表面的气泡得以排出，从而减少了在电极与土间的电阻，因此间歇重新通电后，初始电压较上一次结束电压有所降低。由于间歇通电减小了接触电阻。因此也就减少了由于接触电阻导致的电能损耗，从而提高了电能利用效率。

（五）改进建议

从应用的角度，电渗还需要解决造价和工艺两方面的问题。

当前电渗的加固成本还是很高的，降低造价可以从材料和电能两方面着手。从电极材料来讲。发展不腐蚀、可以重复利用的电极将有效节省电渗由于电极腐蚀导致的钢材损耗；降低电能损耗的主要方向是降低电极与土体接触处的电能损耗，研究表明此部分的电能损耗占总能耗的比例非常大。“间歇通电”是降低此损耗的有效方法，除此外，采用化学方法也是途径之一，但目前的研究非常少。

从工艺的角度，研究证明真空预压联合电渗是有效的加固高塑性软土的方法，但目前的研究仅限于室内模型试验阶段，若应用到现场，定需要解决工艺方面的问题。

05

第五章　胶结法

胶结法就是在软弱地基中的部分土体内掺入水泥、水泥砂浆以及石灰等物，形成加固体，与未加固部分形成复合地基，以提高地基承载力和减小沉降等作用的地基处理方法。

胶结法的地基处理方法主要有三类：注浆法、高压喷射注浆法和水泥土搅拌法。

一、注浆法

注浆法（或称灌浆法）是指根据液压、气压或电化学原理，通过注浆管把浆液均匀地注入地层中，浆液以填充、渗透和挤密等方式，赶走土颗粒间或岩石裂隙中的水分和空气后占据其位置，经人工控制一定时间后，浆液将原来松散的土粒或裂隙胶结成一个整体，形成一个结构新、强度大、防水性能好和化学稳定性良好的“结石体”。

（一）注浆法分类

随着两个多世纪的发展，人们在注浆材料的改良、施工技术的提高、理论水平的完善、电子技术的应用等方面探索发展，已经使注浆法这一地基处理方法越来越成熟、应用越来越广泛，在土木工程建设中已发挥着重要的作用。

（1）按注浆材料主要分为水泥注浆、水泥砂浆注浆、黏土注浆、水泥黏土注浆和硅酸钠或高分子溶液化学注浆；

（2）按注浆目的主要分为帷幕注浆、固结注浆、接触注浆、接缝注浆和回填注浆；

（3）按被注浆地层分为岩石注浆、岩溶注浆、砂砾石层注浆和粉细砂注浆；

（4）按注浆压力分为常规压力注浆和高压注浆；

（5）按注浆机理分为渗透注浆、劈裂注浆、挤密注浆和电动化学注浆。

（二）主要优点

注浆法因其能防渗、堵漏、固结、防止滑坡、提高地基承载力、减小地表下沉、回填、加固和纠偏等作用，所以广泛应用于地下结构的加固及止水、坝基的加固及防渗、建筑物地基加固、土坡稳定性加固、建筑物纠偏等方面。

（三）适用范围

注浆法适用于土木工程中的各个领域：

（1）坝基：砂基、砂砾石地基、喀斯特溶洞及断层软弱夹层等。

（2）楼基：一般地基及振动基础等，包括对已有建筑物的修补。

（3）道路基础：公路、铁道和飞机场跑道等。

（4）地下建筑：输水隧洞、矿井巷道、地下铁道和地下厂房等。

（5）其他：预填骨料注浆，后拉锚杆注浆及注浆桩后注浆等。

（四）注浆材料

注浆法根据浆材品种和性能将直接影响注浆工程的工程质量和经济成本，因此选择合适的注浆材料显得尤为重要。

注浆法使用的浆液是由主剂（原材料）、溶剂（水或其他溶剂）以及其他各种外加剂混合而成的。通常所说的注浆材料是指浆液中所用的主剂。外加剂根据在浆液中所起的作用分为固化剂、催化剂、速凝剂、缓凝剂和悬浮剂等。

注浆材料按原材料和溶液特性可以分为粒状浆材和化学浆材，粒状浆材又可分为如水泥浆和水泥砂浆的不稳定粒状浆材，和如黏土浆和水泥黏土浆的稳定粒状浆材；化学浆材又可分为硅酸盐的无机浆材和环氧树脂类、甲基丙烯脂类、聚氨酯类、丙烯酰胺类、木质素类的有机浆材。

粒状浆材取材容易、成本低廉，所以在各类工程中应用最为广泛。有时为了改善粒状浆材的性质，以适应各种自然条件和不同注浆目的的需要，还经常在浆液中掺入各种外加剂。化学浆材最大的特点是浆液属于真溶液，初始黏度大都较小，所以可用于注入细小的裂隙或孔隙，解决水泥浆材难于解决的复杂地质问题。但是由于它造价较高和环境污染问题，使这类浆材的推广应用受到较大的限制。随着我国现代化工业的迅猛发展，化学注浆的研究和应用得到了迅速发展，如在化学浆材的开发应用、降低浆材毒性和环境污染以及降低成本等方面。

由于注浆目的不同和对注浆效果的要求不同，采用的灌浆材料也不同，一种理想的注浆材料应满足以下要求：

（1）浆液黏度低，流动性好，可注性强，能进入细小裂隙；

（2）浆液无毒无臭、不污染环境，对人体无害，属非易燃易爆物品；

（3）浆液的凝胶时间在一定范围内可调，并能准确控制；

（4）浆液的稳定性好，在常温常压下较长时间存放不改变其基本性质，不发生强烈的化学反应；

（5）浆液对注浆设备、管路、混凝土建（构）筑物及橡胶制品无腐蚀性，并且溶液清洗；

（6）浆液固化时无收缩现象，固化后与岩土体、混凝土等有一定的粘结性；

（7）结石体具有一定的抗压、抗拉强度，不龟裂，抗渗性能、防冲刷性能及抗老化性能好，能长期耐酸、盐、碱、生物细菌等腐蚀，并且不受温度、湿度变化的影响；

（8）材料来源丰富，价格低廉；

（9）浆液配置方便，操作简易。

一般注浆材料很难同时满足上述所有要求，在施工中要根据具体情况选用某种或某些符合上述几项要求的注浆材料。

（五）注浆原理

在地基处理中，注浆法按原理主要可以分为渗透注浆、挤密注浆、劈裂注浆、电动化学注浆四种。

1. 渗透注浆

渗透注浆是指在压力作用下，使浆液充填土的孔隙和岩石的裂隙，排挤出孔隙中存在的自由水和气体，并使颗粒胶结成整体，达到加固岩土体和止水的目的。而基本上不改变原状土的结构和体积（砂性土注浆的结构原理），所用注浆压力相对较小。这类注浆一般只适用于中砂以上的砂性土和有裂隙的岩石。代表性的渗透注浆理论有球星扩散理论、柱形扩散理论和袖套管法理论。

2. 挤密注浆

挤密注浆是通过钻孔向土中灌入极浓的浆液，使注浆点附近土体挤密，在注浆管端部形成浆泡。开始注浆压力基本上沿径向扩散，随着浆泡尺寸逐渐增大，便会产生较大的上抬力，使地面上抬，或使下沉的建筑物回升，而且位置可控制得相当精确。由于用在浓浆置换和挤密土体过程中，浆泡周边有较高压力，可使仅靠浆泡的土产生塑流而受到扰动，密度和强度都可能暂时降低，但在周围 0.3～2.0m 范围内的土体可被挤密。饱和黏土地基如排水条件不良，有可能产生高孔隙压力，这时就要改善排水条件，或降低注浆速率。

3. 劈裂注浆

劈裂注浆是指在压力的作用下，浆液克服地层的初始应力和抗拉强度，引起岩石和土体结构的破坏和扰动，使地层中原有的裂隙或孔隙张开，形成新的裂隙或孔隙，促使浆液的可注性和扩散距离增大，而所用注浆压力相对较高。这是一种特殊的注浆机理和技术，能有效地用于处理一些特殊问题。

对于岩石地基，目前常用的高压注浆压力最大也不过 8～10MPa，不可能在新鲜岩石内产生新的裂隙，主要是原有隐裂隙或微细裂隙的扩张。对于砂砾石层，其透水性较大，浆液渗入将引起超静水压力，到一定程度后将引起砂砾石层的剪切破坏和体积膨胀。在黏性土层中，由于其抗拉强度很小，可略去不计，而以孔隙压力等于总应力，即有效应力等于或小于零作为产生水力劈裂缝的条件，而水力劈裂缝是沿小主应力面延伸的。

4. 电动化学注浆

如地基土的渗透系数 $k<10^{-4}$cm/s，只靠一般静压力难于使浆液注入土的孔隙，此时需用电渗的作用使浆液进入土中。

电动化学注浆是指在施工时，将带孔的注浆管作为阳极，用滤水管作为阴极，将溶液由阳极压入土中，并通以直流电（两电极间电压梯度一般采用 0.3～1.0V/cm），在电渗作用下，孔隙水由阳极流向阴极，促使通电区域中土的含水量降低，并形成渗浆通路，化学浆液也随之流入土的孔隙中，并在土中硬结。因而电动化学注浆是在电渗排水和注浆法的基础上发展起来的一种加固方法。但由于电渗排水作用，可能会引起邻近既有建筑物基础的附加下沉，这一情况应予以特别注意。

注浆一般采用定量注入方法，而不是注浆至不吃浆为止。注浆结束后，地层中的浆液往往仍具有一定的流动性，因此在重力作用下，浆液可能向前沿继续流失，使本来已被填满的孔隙重新出现空洞，使注浆体的整体强度削弱。不饱和充填的另一个原因是采用不稳定的粒状浆液，如这类浆液太稀，且在注浆结束后浆中的多余水不能排除，则浆液将沉淀析水而在孔隙中形成空洞。可采用以下措施防止上述现象：当浆液充满孔隙后，继续通过钻孔施加最大注浆压力；采用稳定性较好的浓浆；待已注浆液达到初凝后，设法在原孔段内进行复注。

（六）注浆设计

1. 方案选择

注浆方案的选择一般遵循以下原则：

（1）如果是以提高地基强度和变形模量为目的，一般可选用水泥系浆材，如水泥浆、水泥砂浆和水泥水玻璃浆等，或者环氧树脂、聚氨酯等高强度的化学浆材；

（2）如果是以防渗堵漏为目的，可采用黏土水泥浆、黏土水玻璃、水泥粉煤灰混合物、丙凝和铬木素等浆材；

（3）如果是在裂隙岩层中注浆，一般采用纯水泥浆、水泥浆或水泥砂浆中加入少量膨润土；

（4）如果是在砂砾石地层中或溶洞中，宜采用黏土水泥浆；

（5）如果是在砂层中，一般只采用化学注浆；

（6）如果在黄土中则采用碱液法或单液硅化法；

（7）渗入注浆一般在砂砾石地层或岩石裂隙中采用，水力劈裂注浆用于砂层，黏性土层中采用水力劈裂法或电动硅化法，纠正建筑物不均匀沉降则采用挤密注浆法。

另外，选用浆材还应考虑其对人体的危害或对环境的污染问题。这些问题已经越来越引起工程界的重视，尤其是在国外，往往成为注浆方案取舍的决定因素。

2. 注浆标准

所谓注浆标准，是指设计者要求地基注浆后应达到的质量指标。所用注浆标准的高低，关系到工程质量、进度、造价、和建筑物的安全。

设计标准涉及的内容较多，而且工程性质和地基条件千差万别，对注浆的目的和要求很不相同，因而很难规定一个比较具体和统一的准则，而只能根据具体情况作出具体的规定。

（1）防渗标准。防渗标准是指渗透性的大小。防渗标准越高，表明注浆后地基的渗透性越低，注浆质量也就越好。原则上，对比较重要的建筑、对渗透破坏比较敏感的地基以及地基渗漏量必须严格控制的工程，都要求采用较高的标准。

防渗标准都采用渗透系数表示。对重要的防渗工程，都要求将地基土的渗透系数降低至 10^{-5}～10^{-4}cm/s 以下；对临时性工程或允许出现较大渗漏量而又不致发生渗透破坏的地层，也有采用 10^{-3}cm/s 数量级的。

（2）强度和变性标准。是指对地层或结构经过注浆处理后应该达到的强度和变形标准，是工程为提高地基或结构的承载能力、物理力学性能，改善其变形能力，对抗压强度、抗拉强度、抗剪强度、变形模量、蠕变特性等方面指标的要求。

强度和变形标准随着工程的要求不同而不同，例如，为了减少坝基础的不均匀变形，应在坝下游基础受压部位进行固结注浆，以提高地基土的变形模量；为了减小挡土墙上的土压力，应在挡土墙墙背即滑动面附近的土体中注浆，以提高地基土的重度和抗滑面的抗剪强度。

（3）施工控制标准。工程应用中，防渗标准、强度和变形指标往往难以确定。同时，注浆质量指标的检验在施工结束后才能进行，有时又受各种条件的限制甚至不能进行检验。为了保证工程的质量，注浆工程经常采用施工控制标准。

注浆量控制标准规定在正常情况下理论注浆量 Q 为：

$$Q=Vn+m \tag{5-1}$$

式中　V——设计的注浆体积（m）；

n——土的孔隙率；

m——无效注浆量（m）。

由于注浆是按照逐步加密的原则进行的，孔段注浆量应随着加密次序的增加而逐渐减少。因此，应按照注浆量降低率进行控制。如果其实际孔距布置正确，则第二次序孔的注浆量将比第一次序孔大为减小，这是注浆取得成功的标志。

（4）注浆压力控制标准。即根据工程需要，参考注浆试验或者经验，可以设计出一定的注浆压力作为控制标准。实施注浆施工时，采用给出的压力对注浆结束条件进行控制。在《水工建筑物水泥注浆施工技术规范》（SL62—94）中的注浆压力控制标准时是：在规定的压力下，当注入率不大于 0.4L/min 时，继续注浆 60（30）min；或当注入率不大于 1L/min 时，继续注浆 90（60）min，注浆结束。

（5）注浆强度值（GIN）控制标准。G.隆巴迪指出，一定的注浆压力和注入量的乘积，就是所谓的能量消耗程度（GIN 值），可作为注浆的控制标准。

3. 浆材及配方设计

根据土质和注浆目的的不同，注浆材料的选择也是不同的。水泥浆才是工程中应用最广泛的浆液，这种悬浮液的主要问题是析水性大、稳定性差。水灰比越大，上述问题就越突出。此外，纯水泥浆的凝结时间较长，在地下水流速较大的条件下注浆时浆液易受冲刷和稀释等，为了改善水泥浆液的性质，以适应不同的注浆目的和自然条件，常在水泥浆中掺入各种附加剂。

4. 确定浆液扩散半径

浆液扩散半径 r 是一个重要的参数，它对注浆工程量及造价具有重要的影响。所谓扩散半径并非是最远距离，而是能符合设计要求的扩散距离。在确定扩散半径时，要选择多数条件下达到的数值，而不是取平均值。r 值按理论公式进行估算；当地质条件较复杂或计算参数不易选准时，就应通过现场注浆试验来确定，在现场进行试验时，要选择不同特点的地基，用不同的注浆方法，以求不同条件下浆液的 r 值。

当有些地层因渗透性较小而不能达到 r 值时，可提高注浆压力或浆液的流动性，必要时还可在局部地区增加钻孔以缩小孔距。

5. 孔位布置

注浆孔的位置是根据浆液的注浆有效范围，使被加固土体在平面和深度范围内连成一个整体的原则决定的。

6. 确定注浆压力

注浆压力是指不会使地表面产生变化和邻近建筑物受到影响的前提下可能采用的最大压力。

由于浆液的扩散能力与注浆压力的大小密切相关，有人倾向于采用较高的注浆压力，在保证注浆质量的前提下，使钻孔数尽可能减少。高注浆压力还能使一些微细孔隙张开，有助于提高可注性。当孔隙中被某种软弱材料充填时，高注浆压力能在充填物中造成劈裂注浆，使软弱材料的密度、强度和不透水性等得到改善。此外，高注浆压力还有助于挤出浆液中的多余水分，使浆液结石的强度提高。

但是，当注浆压力超过地层的压重和强度时，将有可能导致地基及其上部结构的破坏。因此，一般都以不使地层结构破坏或仅发生局部的和少量的破坏，作为确定地基容许注浆压力的基本原则。注浆压力值也与地层土的密度、强度和初始应力、钻孔深度、位置及注浆次序等因素有关，而这些因素又难以准确地预知，因而宜通过现场注浆试验来确定。

7. 注浆量

注浆所需的浆液总用量 Q 可参照下式计算：

$$Q=1000KVn \tag{5-2}$$

式中　Q——浆液总用量（L）。

V——注浆对象的土量（m^3）。

n——土的孔隙率。

K——经验系数，软土、黏性土、细砂，K=0.3～0.5；中砂、粗砂，K=0.5～0.7；砾砂，K=0.7～1.0；湿陷性黄土，K=0.5～0.8。

一般情况下，黏性土地基中的浆液注入率为15%～20%。

（七）注浆工艺

1. 施工方法分类

一般注浆施工方法可分为两种，按注浆管设置方法分类和按注浆材料混合方法或注入方法分类见表 5-1。

表 5-1　　　　　　　　　　注浆施工方法分类表

注浆管设置方法			凝胶时间	混合方法
单层管注浆法	钻杆注浆法		中等	双液单系统
	过滤管（花管）注浆法			
双层管注浆法	双栓塞注浆法	套管法	长	单液单系统
		泥浆稳定土层法		
		双过滤器法		
	双层管钻杆法	DDS 法	短	双液双系统
		LAG 法		
		MT 法		

2. 注浆工艺

注浆孔的钻孔直径一般为 70～110mm，垂直偏差应小于 1%。注浆孔有设计倾角时，应该预先调节钻杆的角度，倾角偏差不得大于 20″。

当钻孔钻至设计深度后，必须通过钻杆注入封闭泥浆，直至孔口溢出泥浆后再提钻杆。当钻杆提升至设计深度的一半时，应再次注入封闭泥浆，最后完全提出钻杆。封闭泥浆浆液的黏度为 80～90Pa・s，其 7 天的无侧限抗压强度宜为 0.3～0.5MPa。

灌浆压力一般与加固深度的覆盖压力、建（构）筑物的荷载、浆液黏度、注浆速度和注浆量等因素有关。注浆过程中的压力是变化的，初始压力小，最终压力高。在一般情况下，每增加 1m 深度，注浆压力增加 20~50kPa。

若进行第二次注浆，化学浆液的黏度应比较小，宜采用两端用水加压的膨胀密封型注浆芯管。

注浆完毕后应及时用拔管机拔管，否则，浆液会把注浆管凝固住而增加拔管的难度。拔出注浆管后，还应及时刷洗注浆管等设备，以保畅通。拔管后留下的空洞，应用水泥砂浆或土料填塞。

注浆的流量一般为 7~10L/min。对充填型注浆，流量可适当加快，但也不宜大于 20L/min。

在满足强度的前提下，可用磨细的粉煤灰或粗灰代替部分水泥，掺入量应通过实验确定，一般掺入量约为水泥质量的 20%～50%。

为了使浆液的性能得到改善，可以在制备水泥浆液时加入一些外掺剂，如：水玻璃、三乙醇胺、膨润土。

浆体必须经过搅拌机充分搅拌均匀后，才能开始注浆，并应在注浆过程中不得缓慢搅拌，在泵送前还应通过筛网过滤。

必须采用适合于地基条件、现场环境以及注浆目的的注浆顺序。

注浆顺序按以下规定：

（1）一般不宜采用自注浆地带某一端单向推进的注浆方法，应该按照间隔跳孔的方式注浆，可以保证先注浆的孔内浆液强度增加到一定值，防止串浆，提高注浆的效率。

（2）对有地下水流动的特殊情况，应该考虑浆液在动水流作用下的迁移效应，可以从水头高的一端开始注浆。

（3）如果注浆范围内的土层的渗透系数不同，首先应该完成最上层土的封顶注浆，然后，再按照从上而下的原则进行注浆，以防止浆液上串。

（4）若土层的渗透系数随深度而增大，则应自上而下进行注浆。

（5）注浆时应采用先外围后内部的注浆顺序。

（6）若注浆范围以外又有边界约束条件（可以阻挡浆液流动的障碍物）时，也可以采用自内侧开始往外的注浆顺序。

由于土层的下部压力高于上部，在注浆过程中，浆液就会向上部抬起。当注浆深度不大时，浆液上抬较多，甚至会溢出地表面，就是冒浆。冒浆时要进行以下处理：

（1）冒浆时，应将一定数量的浆液注入上层孔隙大的土中后，间歇一定时间，让浆液凝固，反复几次，可以把上抬的通道堵死（即间歇注浆法）；或者加快浆液凝固速度，使浆液冒出注浆管就很快凝固。

（2）工程实践表明，需加固的土层区段以上，应有不小于 1m 厚的封闭土层，否则要采取措施以防止冒浆。

（八）质量检测

注浆效果与注浆质量的概念不完全相同。注浆质量一般是指注浆施工是否严格按设计和施工规范进行，例如注浆材料的品种规格、浆液的性能、钻孔角度、注浆压力等，都应符合规范的要求，否则应根据具体情况采取适当的补充措施；注浆效果则指注浆后能将地基土的物理力学性质改善到什么程度。

注浆质量高不等于注浆效果好。因此，设计和施工中，除应明确规定某些质量标准外，还应规定所要达到的注浆效果及检验方法。

注浆质量的检验通常在注浆结束后 28 天方可进行，检验方法如下：

（1）统计计算注浆量。可利用注浆过程中的流量和压力自动记录曲线进行分析，从而判断注浆效果。

（2）利用静力触探测试加固前后土体力学指标的变化，用以了解加固效果。

（3）在现场进行抽水试验，测定加固土体的渗透系数。

（4）采用现场静载荷试验，测定加固土体的承载力和变形模量。

（5）采用钻孔弹性波试验测定加固土体的动弹性模量和切变模量。

（6）采用标准贯入试验或轻便触探等动力触探方法测定加固土体的力学性能，此法可直接得到注浆前后原位土的强度，从而进行对比。

（7）进行室内试验。通过室内加固前后土的物理力学指标的对比试验，判定加固效果。

（8）采用γ射线密度计法。它属于物理探测方法的一种，在现场可测定土的密度，用以说明注浆效果。

（9）试验电阻率法。注浆前后将所测定的土的电阻率进行比较，根据电阻率差说明土体孔隙中浆液的存在情况。

在以上方法中，动力触探试验和静力触探试验最为简单实用。检验点一般为注浆孔数的2%～5%，如：检验点不合格率等于或大于20%；或虽小于20%，但检验点的平均值达不到设计要求，在确认设计原则正确后应对不合格的注浆区实施重复注浆。

（九）案例分析

1. 工程概况

××新建城市道路II级主干道，其中K1+120～K1+560路段工程地质条件较差，上部地层（主要受力层）主要有前期场地平整时开挖山体所弃杂填土（厚度2.0～6.2m，平均4.0m）、淤泥或淤泥质土（厚度0.4～1.4m，平均0.7m）、粉细砂（厚度0.6～3.6m，平均1.8m）组成，局部路段经过未做任何处理的老河道上。由于杂填土结构疏松（f_k=90kPa）、淤泥或淤泥质土呈软塑~流塑状态（f_k=50kPa）、粉细砂饱和松散（标贯试验击数平均6击，f_k=100kPa），满足不了上部荷载对路基的要求，如不做处理，会导致路基在通车后产生较大沉降，产生病害。为保证该段路基的稳定，稳定地基土强度和变形模量，满足地基土承载力要求，提出对该段路基采用注浆法加固处理方案。这主要是基于杂填土孔隙大，可注性好，注浆后其力学强度、抗变形能力和均一性会有所提高，整体结构得到加强；淤泥或淤泥质土和粉细砂通过钻孔注入浓浆后，使软弱土体得到加固。

2. 注浆设计

（1）注浆标准确定。

1）强度控制标准。注浆后，杂填土承载力标准值f_k要求达到130kPa，淤泥或淤泥质土f_k值80～100kPa，粉细砂f_k>110kPa；复合地基承载力标准值≥130kPa。

2）施工控制标准。本次灌浆对象之一的杂填土，由于均一性差、孔隙变化大、理论耗浆量不易确定，故不能单纯用理论耗浆量来控制，同时还应按耗浆量降低率来控制，即孔段耗浆量随灌浆次序的增加而减少。

3）注浆段选择。本次灌浆分2个灌浆段，即第1灌浆段为杂填土范围；第2灌浆段为淤泥或淤泥质土和粉、细砂范围。

4）注浆结束标准。在规定的注浆压力下，孔段吸浆量小于0.6L/min，延续30min即可结束注浆，或孔段单位吸浆量大于理论估算值时也可结束注浆。

（2）浆材及配合比设计。选择纯水泥浆，主剂为××水泥厂生产PO32.5普通硅酸盐水泥，溶剂为水。试配时主要考虑以下几个方面的因素：①浆液具有良好的流动性；②浆液结石具有较高的强度和较小的变形性；③综合考虑浆液的凝结时间。

经过反复试配，最终确定在第一注浆段即杂填土路段采取水灰比为0.52，第二注浆段即淤泥或淤泥质土和粉细砂范围路段采用水灰比为0.75。若杂填土中局部孔隙较大，导致注浆量过大时，采用水∶水泥∶细砂=0.75∶1∶1的水泥砂浆注浆。

（3）浆液扩散半径的确定。由于杂填土均一性差，其孔隙率、渗透系数变化大，因而仅用理论公式计算浆液扩散半径显然不甚合理。现据大量的经验数据，暂定r值为1.5m，并在现场进行注浆试验后进一步确定r值。

（4）注浆孔位布置。注浆孔采用梅花形排孔分布，假定注浆体的设计厚度b为1.7m。则

注浆孔距　$$L=2\sqrt{r^2-\frac{b^2}{2}}=2\times\sqrt{1.5^2-\frac{1.7^2}{2}}=1.79(\mathrm{m})$$

最优排距　$$R_\mathrm{m}=r+\frac{b}{2}=1.5+\frac{1.7}{2}=2.35(\mathrm{m})$$

最优排距的确定是在满足设计厚度的前提下，最大限度地填充浆体。

（5）注浆孔孔深。根据地质勘察资料，暂定孔深3.5～6.0m，平均约4.5m，实际施工时以孔底到黏性土层为准。

（6）注浆压力。由于注浆压力与土的密实度、强度、强度、初始应力、孔深、位置及注浆次序等因素有关，而这些因素又难以准确地确定，因而本次注浆的压力通过注浆试验来确定。现据有关公式计算，暂定注浆压力在第1、第2注浆段注浆时分别为0.1～0.2MPa、0.3～0.4MPa，在注浆过程中根据具体情况再做适当的调整。

（7）注浆量。注浆量主要与注浆对象的体积V、土的孔隙率n和经验系数K值有关，根据公式$Q=1000KVn$，理论估算杂填土、淤泥或淤泥质土和粉细砂的单位吸浆量分别为$0.35\mathrm{m}^3$、$0.28\mathrm{m}^3$、$0.18\mathrm{m}^3$。

3. 施工工艺

（1）施工顺序。根据多台机器同时作业、现场施工条件、工程地质条件和注浆方法等，为了防止浆液向外扩散流失，分段施工顺序采取由外向内的方式进行。

（2）施工程序：

成孔→安放注浆管并孔口封堵→搅浆→注浆→待凝→成孔→安放注浆管并孔口封堵→搅浆→注浆→封孔。

（3）施工技术要点。

1）成孔钻头对准孔位后，采取冲击成孔的方法钻进。在杂填土中钻进时，若孔壁不稳，

可下入导管护壁；当钻进淤泥或淤泥质土和粉细砂时，下入导管护壁，然后采取捞砂筒取砂成孔的方法直至下卧黏性土层。

2）注浆管安放及孔口封堵注浆管下端设置0.7～1.0m长且下端封口的花管，花管孔径$\phi 8$，孔隙率15%左右。在花管外壁包扎一层软橡皮，以防流砂涌进花管导致注浆无法进行。当成孔达到预定深度后，将注浆管下到位，再用水泥袋包裹注浆管并接触孔壁，然后投入黏土分层夯实至孔口。

3）搅浆时先往搅拌浆筒内注入预定的水量并开动搅浆机后，再逐渐加入水泥指导预定的用量，搅拌3～5min后将浆液通过过滤网流到储浆筒内待注。

4）注浆采用自上而下孔口封闭分段纯压式注浆方法，即自上而下钻完一段注浆一段，直至达到预定孔深为止。注浆段的长度以杂填土和淤泥或淤泥质土和粉细砂厚度来确定；注浆压力采用二次或三次升压法来控制，即注浆开始采用低压（<0.1MPa）或自流式注浆，对杂填土而言，当吸浆量较大时采取间歇注浆或用砂浆注入，最终注浆时的压力要达到设计者；注浆结束标准严格按设计执行。

5）封孔注浆结束后及时封孔，即第二注浆段注浆结束0.5h后，排除孔口封堵物，再往孔内投入砂石直到水稳层顶面。

（4）特殊情况下的技术处理措施。

1）冒浆。在注浆过程中，发现浆液冒出地表即冒浆，可采取如下控制性措施：

① 降低注浆压力，同时提高浆液浓度，必要时掺砂或水玻璃；

② 限量注浆，控制单位吸浆量不超过30～40L/min或更小一些；

③ 采用间歇注浆的方法，即发现冒浆后就停止注浆，待15min后再注浆。

2）串浆。在注浆过程中，当浆液从附近其他钻孔流出即串浆时，可采取如下方法进行处理：

① 加大第一次序孔间的孔距；

② 在施工组织安排上，适当延长相邻两个次序施工时间的间隔，使前一次序孔浆液基本凝固或具有一定强度后，再开始后一次序钻孔，相邻同一次序不要在同一高程钻孔中注浆；

③ 串浆孔若为待注孔，采取同时并联注浆的方法处理，如串浆孔正在钻孔，则停钻封闭孔口，待注浆完后再恢复钻孔。

4. 效果检验与评价

（1）效果检验。

1）注浆资料分析。

① 本次施工路段共完成注浆孔1110个，计4982m，共注入水泥1408t，平均每孔注入水泥1.28t，平均注入水泥0.283t/m，第一序孔单位耗浆量比第二序孔大，并且地面上抬约3cm。

② 从总注入量和单位注入量数据分析来看，受注段土体空隙均有大幅度降低，从而也

说明了施工段地层的可注入性。

2）静载荷试验。施工结束 15 天后，选择 3 个代表性地点做复合地基压板（$0.5m^2$）静载荷试验。当在杂填土顶面单点加载达 130kN 或 140kN 即满足设计要求后便停止加载，这时最大沉降量为 8.3～10.3mm，平均 9.3mm。表明该点地基土未达到极限破坏状态，说明了施工段地基承载力值大于 130kPa，同时也验证了杂填土承载力值大于 130kPa。

3）钻孔取芯。施工结束 15 天后，监理在施工段范围内选择了 12 个钻孔检验点（其中 6 个钻孔距注浆点 0.5m，6 个钻孔距注浆点 1.0m）进行钻孔取芯和标贯试验。

从芯样可见：杂填土中水泥结石较多，并且结石与土体胶结紧密；淤泥或淤泥质土体中水泥结石成团块状，有的块状结石由淤泥或淤泥质土胶结；粉细砂中也可见水泥结石，土工试验表明了其密度有所增加，状态也由原来的松散状态变为密实状。

标贯试验结果表明：杂填土较密实，平均技术 11.2 击；粉细砂平均技术由原来的 6 击增加到 11 击，承载力标准值也由原来的 100kPa 增加到 142kPa。

从探槽开挖剖面可见：杂填土中的水泥结石呈片状、条带状，尤其是杂填土顶面与天然级配砂砾底基层底面之间普遍充填条带状水泥浆石，厚 1～5cm，构成了路基硬壳表层。

（2）效果评价。从检验分析可见，注浆后的杂填土层空隙得到有效充填，淤泥或淤泥质土受到充填、挤密和置换，粉细砂层得到有效充填和压密，由松砂变为密砂。这三种土体经注浆后，不同程度地得到加固，承载力明显提高，达到了控制沉降目的。

5. 总结

（1）注浆技术加固路基，在技术上是可行的，在施工质量和处理效果上是好的，有效提高了路基承载力和变形模量；

（2）注浆技术的关键是注浆压力的选择和控制以及浆材配比和注浆工艺；

（3）注浆参数的选择是一个复杂的问题，只要通过现场试验才能准确地确定；

（4）在城市道路地基加固中，选择注浆方法比其他注入碎石桩、换填等处理方法，不但在技术上可行、经济上合理、工期上缩短，而且极大地减少了环境污染的问题；

（5）注浆法不但可用于地基加固，同时也可用于处理路基病害加固，此法能避免中断交通的大开挖和换填施工，具有显著的社会效益和经济效益。

（十）帷幕注浆与劈裂注浆

注浆法的理论设计除了前面讲到的一般内容外，有时还会进行帷幕注浆设计和劈裂注浆设计。下面主要介绍这两种设计需要注意的问题。

1. 帷幕注浆的设计

（1）帷幕的设置。堤防基础的注浆帷幕应与地方防渗题（多由黏土一类的不透水材料所构成）相连，因此帷幕宜设在堤防临水侧铺盖下或临水坡脚下，如图 5-1 所示。

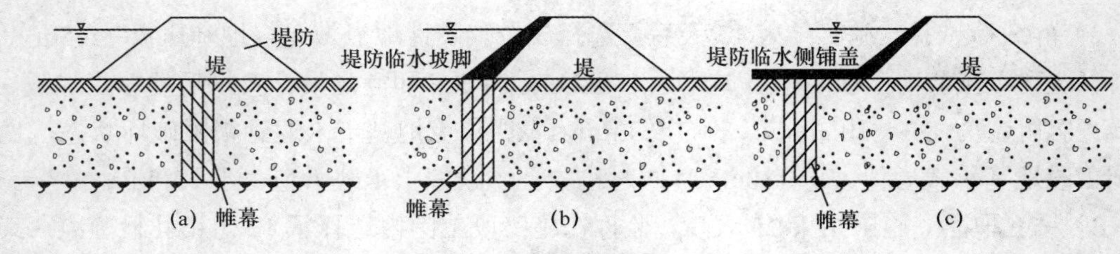

图 5-1　注浆帷幕位置示意图

帷幕的主要形式主要有以下两种：

1）均厚式帷幕。均厚式帷幕各排孔的深度均相同。在砂砾石层厚度不大、注浆帷幕不甚深的情况下，一般多采用这种形式。

2）阶梯式帷幕。在深厚的砂砾石层中，因为渗流坡降随砂砾石层的加深（即随帷幕的加深）而逐渐减少，所以设置帷幕时，多采用上部排数多；幕窄的部位，注浆孔的排数少。

（2）帷幕的深度和厚度。一般情况下，帷幕深度宜穿过砂砾石层达到基岩，这样可以起到全部封闭渗流通道的作用。帷幕的厚度（T）主要是根据幕体内的允许坡降值来确定的，但可按下式进行初步估算：

$$T = \frac{H}{J} \tag{5-3}$$

式中　H——最大作用水头（m）；

　　J——帷幕的容许比降，对一般黏土浆可采用 3～4。

若砂砾石厚度较浅，一般设置 1～2 排注浆孔即可。当基础的承受的水头超过 25～30m 时，帷幕的组成才设置 2～3 排。

注浆孔距主要取决于地层渗透性、注浆压力、注浆材料等有关因素，一般要通过试验确定，通常为 2~4m。如果在注浆施工过程中，发现浆液扩散范围不足，则可采用缩小孔距、加密钻孔的办法来补救。

2. 劈裂注浆的设计

劈裂注浆是利用堤身的最小主应力面和堤轴线方向一致的规律，以土体水力劈裂原理，沿堤轴线布孔，在注浆压力下，以适宜的浆液为能量载体，有控制地劈裂堤身，在堤身形成密实、竖直、连续、具有一定厚度的浆液防渗固结体，同时与浆脉联通的所有裂缝、洞穴等隐患均可被浆液充填密实。该方法适应于处理堤身浸润线出溢点过高、有散浸现象、裂缝（不包括滑坡裂缝）、各种洞穴等情况。

堤身劈裂注浆防渗处理多采用单排布孔，孔距为 5～10m。在弯曲堤段应适当缩小孔距。

劈裂注浆和锥探充填注浆浆液多采用土料浆，见表 5-2 与表 5-3。根据不同的需要可掺入水泥、各种外加剂。

表 5-2 土料浆选择表

项目	劈裂注浆	充填注浆
塑性指数（%）	8～15	10～25
黏粒含量（%）	20～30	20～45
粉粒含量（%）	20～30	40～70
砂粒含量（%）	10～30	<10
有机值含量（%）	<2	<2
可溶盐含量（%）	<8	<8

表 5-3 浆液物理力学性能表

项目	劈裂注浆	充填注浆
重度（kN/m^3）	13～16	13～16
黏度（s）	20～70	30～100
稳定性（g/cm^3）	0.1～0.15	<0.1
胶体率（%）	>70	>80
失水量（$cm^3/30min$）	10～30	10～30

注浆孔口压力以产生沿堤线方向脉状扩散形成一连续的防渗体，但又不得产生有害的水平脉状扩散和变形为准，需要现场注浆试验或在施工前期确定。堤防注浆压力多在 0.1～1MPa。

堤身劈裂注浆应“少注多次”，分序注浆，推迟坝面裂缝的出现和控制裂缝的开度在 3cm 之内，并在注浆后能基本闭合。每孔注浆次数应在 5 次以上，每次注浆量控制在 0.5～1m^3/m 之间。形成的脉状泥墙厚度应在 50～200mm 之间。一年后脉状泥墙的容重应大于 14kN/m^3，一般可达 15～17N/m^3，水平向渗透系数达 1×10^{-8}～1×10^{-6}cm/s。

考虑到堤身应力，劈裂注浆应在不当水的枯水期进行，同时应该算注浆期堤坡的稳定性，进行堤身变形、裂缝等观测，以保证安全。对于较宽的堤防，也应核算堤身应力分布，避免产生贯穿性横缝。

劈裂注浆钻孔均是一次成孔。在冲击钻进中一般采用取土钻头干钻钻进后冲击锤头锤击钻进。在回转钻进中最好采用泥浆循环钻进，特别是在一些较重要的水力工程堤坝施工中，应合理选用冲洗液循环钻进，采用清水钻进时，应依据堤坝的土质条件、渗透程度来慎重选用。钻孔孔径可小到ϕ25mm，一般孔径在ϕ60～ϕ130mm 之间。所有注浆钻孔均需埋设孔口管，使顶部注浆压力由孔口管承担，可施加较大的注浆压力，促使浆液析水固结，有利于提高浆液的固结速率和浆体结石的密实度。

注浆压力是劈裂式注浆施工中的一个重要参数。应注意掌握其实际劈裂压力、裂缝的扩展压力、最大控制注浆压力。注浆压力的大小不仅与注浆范围大小、水文工程地质条件等因素有关，而且还与地层的附加荷载及注浆深度有关，所以不能用一个公式准确地表达出来，应根据不同情况通过经验和注浆试验确定。

上海市标准《地基处理技术规范》（DBJ08—40—1994）中规定，对于劈裂注浆，在浆液注浆的范围内应尽量减少注浆压力。注浆压力的选用应根据土层的性质及其埋深确定。在砂土中的经验数值是0.2～0.5MPa；在黏性土中的经验数值是0.2～0.3MPa。注浆压力因地基条件、环境条件和注浆目的等不同而不能确定时，可参考类似条件下的成功工程实例。在一般情况下，当埋深浅于10m时，可取较小的注浆压力值。对于压密注浆，注浆压力主要取决于浆液材料的稠度。如采用水泥—砂浆的浆液，坍落度一般在25～75mm，注浆压力应选定在1～7MPa范围内。坍落度较小时，注浆压力可取上限值，如采用水泥—水玻璃双液快凝浆液，则注浆压力应小于1MPa。

二、高压喷射注浆法

高压喷射注浆法一般是利用钻机把带有喷嘴的注浆管钻进土层的预定位置后，以高压设备使浆液或水成为20MPa左右的高压流从喷嘴中喷射出来，冲击破坏土体，当能量大、速度快和呈脉动状的喷射流的动压超过土体结构强度时，土粒便从土体剥落下来。一部分细小的土粒随着浆液冒出水面，其余土粒在喷射流的冲击力、离心力和重力等作用下，与浆液搅拌混合，按一定的浆土比例和质量大小有规律地重新排列。浆液凝固后，便在土中形成具有一定形状及强度的固结体，从而达到相应的工程目的。

（一）高压喷射注浆法分类

（1）高压喷射注浆法以注浆管类型来分，有单管法、二管法或二重管法、三管法或三重管法、多重管法及多孔管法等；单管喷射注浆使用浆液作为喷射流；二重管喷射注浆也以浆液作为喷射流。但在外围裹着空气流成为复合喷射流；三重管喷射法注浆，以水气为复合喷射流并注浆填空。三者使用的浆液都随时间逐渐凝固硬化。

（2）以固结方式来分，有喷射注浆法及搅拌喷射注浆法两种。

（3）以置换程度来分，有半置换及全置换两种。

（4）按喷射流移动轨迹来分，则有旋喷（旋转喷射）、定喷（定向喷射）及摆喷三种。旋喷时，喷嘴一面喷射一面旋转和提升，固结体呈圆柱状。主要用于加固地基、提高地基的抗剪强度、改善土的变形性质，使其在上部结构荷载直接作用下，不产生破坏或过大的变形；也可以组成闭合的帷幕，用于截阻地下水流和治理流砂。定喷时，喷嘴一面喷射一面提升，喷射的方向固定不变，固结体形如壁状，通常用于基础防渗、改善地基土的水流性质和稳定边坡等工程。

无论使用哪种工法进行施工，都必须根据其应用机理及具体地质工况来决定施工方法。

（二）主要优点

高压喷射注浆法的主要优点有：适用的范围较广；施工简便；固结体形状可以控制；既可垂直喷射也可倾斜和水平喷射；有较好的耐久性；料源广阔，价格低廉；浆液集中，流失较少；设备简单，管理方便；生产安全；无公害等。

（三）适用范围

高压喷射注浆法的适用范围可以从适用土质条件和工程适用范围两个方面来考虑。

1. 适用土质条件

高压旋喷注浆法加固地基技术，主要适用于软弱土层，如淤泥、淤泥质土、黏性土、粉土、黄土、砂土、人工填土、碎石土和残积层等地基。当土中含有较多的大粒径块石、坚硬黏性土、大量植物根茎或大量有机质时，应根据现场实验结果确定其适用程度。对于地下水流速过大喷射浆液无法在注浆管周围凝固、无填充物的岩溶地段、永冻土和对水泥有严重腐蚀的地基，均不宜采用高压喷射注浆法。

2. 工程适用范围

从目前固结体的性质来看，喷射注浆法宜作为地基加固和基础防渗之用。按用途，可分为增加地基强度、挡土围堰及地下工程建设、增大土的摩擦力及黏聚力、减小振动、防止砂土液化、降低土的含水量、防渗帷幕防止洪水冲刷等七类工程二十个方面。

（四）作用机理

1. 高压喷射流对土体的破坏作用

高压水喷射流是通过高压发生设备使它获得巨大能量后，从一定形状的喷嘴，用一种特定的流体运动方式，以很高的速度连续喷射出来的、能量高度集中的一股液流。高压喷射流破坏土体的效能，随着土的物理力学性质的不同，在数量方面有较大的差异。

当高压喷射流冲击土体时，由于能量高度集中地冲击一个很小的区域，因而在这个区域内及其周围的土和土结构的组织之间，受到很大的压应力作用，当这些外力超过土颗粒结构的破坏临界数值时，土体便受到破坏。

2. 高压旋喷成桩机理

高压喷射流是高能高速集中和连续作用于土体上，压应力和冲蚀等多种因素同时密集在压应力区域内发生效应，因此喷射流具有冲击切割破坏土体、使浆液与土充分搅拌混合。

固结体的形状与喷嘴移动的方向和持续喷射的时间有密切的关系。当喷嘴一面旋转和提起，便形成圆柱状或异形圆柱状固结体；当喷嘴一面喷嘴一面提升，便形成壁状固结体；旋喷时，高压喷射流冲击地基，把土体切削破坏。其加固范围就是以喷射距离加上渗透部分或压缩部分的长度作为半径的圆柱体；定喷时，高压喷射注浆的喷嘴不旋转只作水平的固定方向喷射并逐渐向上提升，便在土中冲成一条沟槽，并把浆液注入槽中，从土体上冲落下来的土粒一部分随着水流与气流被带出地面，其余的颗粒与浆液搅拌混合，最后形成一个板状固结体。

3. 水泥与土的固化机理

水泥与土拌和后，首先产生可溶于水中但溶解度不高的铝酸三钙水化物和氢氧化钙。这种化学反应连续不断地进行，达到饱和并析出一种胶质物体。这种胶质物体有一部分混在水中悬浮，后来就包围在水泥微粒的表面，形成一层胶凝薄膜。所生成的硅酸二钙水化物几乎不溶于水，只能以无定形体的胶质包围在水泥微粒的表层，另一部分渗入水中。由水泥各种成分所生成的胶凝膜，逐渐发展起来成为胶凝体，此时表现为水泥的初凝状态，开始有胶粘的性质。此后，水泥各成分在不缺水、不干涸的情况下，继续不断地按上述水化程序发展、增强和扩大，胶凝体增大并吸收水分，使凝固加速，结合更密，开始硬化。随着水化作用继续深入到水泥微粒内部，使未水化部分参加以上的化学反应，直到完全没有水分和胶质凝固结晶充盈为止。但无论水化时间持续多久，很难将水泥微粒内核全部水化完了，所以水化过程是个长久的过程。

（五）设计计算

1. 喷射直径

通常应根据估计直径来选用喷射注浆的种类和旋喷方式。对于大型的或重要的工程，计算直径应在现场通过试验确定。

2. 地基承载力计算

用旋喷桩处理的地基应按复合地基设计。竖向承载旋喷桩复合地基承载力特征值应通过现场复合地基载荷试验确定。初步设计时，也可按下式计算：

$$f_{\mathrm{spk}} = m\frac{R_{\mathrm{a}}}{A_{\mathrm{p}}} + \beta(1-m)f_{\mathrm{sk}} \tag{5-4}$$

式中 f_{spk}——复合地基承载力特征值（kPa）；

m——面积置换率（单桩平均截面积与每根桩承担的处理面积）；

R_{a}——单桩竖向承载力特征值；

A_{p}——桩的截面积（m^2）；

f_{sk}——处理后桩间土承载力特征值（kPa），宜按当地经济取值，如无经验时，可取天然地基承载力特征值；

β——桩间土承载力折减系数，可根据试验或类似土质条件工程经验确定，当无试验资料或经验时，可取 0～0.5，承载力较低时取低值。

单桩竖向承载力特征值可通过现场载荷试验确定。也可按下面两式估算，取其中较小值：

$$R_{\mathrm{a}} = u_{\mathrm{p}}\sum_{i=1}^{n} q_{\mathrm{s}i}l_i + q_{\mathrm{p}}A_{\mathrm{p}} \tag{5-5}$$

$$R_a = \eta f_{cu} A_p \tag{5-6}$$

式中　f_{cu}——与旋喷桩桩身水泥配比相同的室内加固土试块（边长 70.7mm 的立方体）在标准养护条件下 28 天龄期的立方体抗压强度平均值（kPa）；

η——桩身强度折减系数，可取 0.33；

u_p——桩的周长（m）；

n——桩长范围内所划分的土层数；

q_{si}——桩周第 i 层土的侧阻力特征值（kPa），可按《建筑地基基础设计规范》（GB 50007—2011）的有关规定或地区经验确定；

l_i——桩周第 i 层土的厚度（m）；

q_p——桩端地基土未经修正的承载力特征值（kPa），可按《建筑地基基础设计规范》（GB 50007—2011）的有关规定或地区经验确定。

当旋喷桩处理范围以下存在软弱下卧层时，应按《建筑地基基础设计规范》（GB 50007—2011）的有关规定进行软弱下卧层承载力验算。

3. 布孔形式和孔距

旋喷桩的布孔形式和孔距可按堵水防渗和加固地基两个方面来考虑。

（1）堵水防渗工程，最好按双排或三排布孔形成帷幕，如图 5-2 所示。孔距应为 $L=1.73R_0$（R_0 为旋喷桩设计半径），排距为 $1.5R_0$ 最为经济。

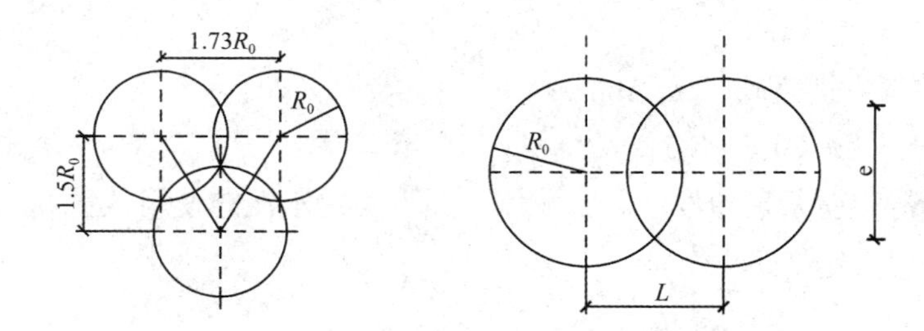

图 5-2　布孔距和旋喷注浆固结体交联图

若想增加每一排旋喷桩的交圈厚度，可适当缩小孔距，按下式计算

$$e = 2\sqrt{R_0^2 - \frac{l^2}{4}} \tag{5-7}$$

式中　e——旋喷桩的交圈厚度（m）；

R_0——旋喷桩的设计半径（m）；

l——旋喷桩孔位的间距（m）。

（2）提高地基承载力的加固工程，旋喷桩之间的距离可适当加大，不必交圈，其孔距 L 以旋喷桩直径的 2～3 倍为宜，这样可充分发挥土的作用，平面布置可根据上部结构和基础特点确定。独立基础下的桩数一般不应少于 4 根。

4. 浆量计算

浆量计算有两种方法，即体积法和喷量法，取其大者作为设计喷射浆量。

（1）体积法。

$$Q=\frac{\pi}{4}D_e^2K_1h_1(1+\beta)+\frac{\pi}{4}D_0^2K_2h_2 \tag{5-8}$$

式中 Q——需要用的浆量（m^3）；

D_e——旋喷管直径（m^3）；

D_0——注浆管直径（m^3）；

K_1——填充率（0.75～0.9）；

h_1——旋喷长度（m）；

K_2——未旋喷范围土的填充率（0.5～0.75）；

h_2——未旋喷长度（m）；

β——损失系数（0.1～0.2）。

（2）喷量法。以单位时间喷射的浆量及喷射持续时间，计算出浆量，计算公式为：

$$Q=\frac{H}{V}q(1+\beta) \tag{5-9}$$

式中 Q——浆量（m^3）；

V——提升速度（m/min）；

H——喷射长度（m）；

q——单位时间喷浆量（m^3/min）；

β——损失系数（0.1～0.2）。

根据计算所需的喷浆量和设计的水灰比，即可确定水泥的使用数量。

5. 注浆材料

高压喷射注浆的主要材料为水泥，水泥是最便宜且取材容易的浆液材料，是喷射注浆的基本浆材，水泥浆液的水灰比应按工程要求确定，可取0.8～1.5，常用1.0。对于无特殊要求的工程，宜采用强度等级为32.5级及以上的普通硅酸盐水泥。

根据需要可加入适量的外加剂及掺和料，可把注浆材料分为普通型、速凝早强型、高强型、抗渗型、填充剂型、抗冻型。外加剂和掺和料的用量应通过试验确定。

根据高压喷射注浆法的工艺要求，浆液应该具备的特性为：良好的可喷性，足够的稳定性，气泡少，浆液的凝结时间可以调整，良好的力学性能，无毒无臭，结石率高。

6. 地基变形计算

旋喷桩的沉降计算应为桩长范围内复合土层以及下卧层地基变形值之和，计算时应按国家标准《建筑地基基础设计规范》（GB 50007—2011）的有关规定进行计算。其中复合土层的压缩模量可按下式确定：

$$E_{sp} = mE_p + (1-m)E_s \tag{5-10}$$

式中　E_{sp}——旋喷桩复合土层的压缩模量（kPa）；

E_s——桩间土的压缩模量，可用天然地基土的压缩模量代替（kPa）；

E_p——桩体的压缩模量，可采用测定混凝土割线模量的方法确定（kPa）；

m——面积置换率。

（六）施工工艺

（1）施工工序：

钻机就位→钻孔→插管→喷射作业→冲洗→移动机具。

（2）喷射工艺。土的种类和密实度、地下水、土颗粒的物理化学性能等因素，对喷射注浆有一定程度影响。在喷射注浆时应注意以下几个方面：

1）喷射深层长桩。从当前施工情况来看，旋喷注浆施工地基，主要是第四纪冲积层。由于天然地基的地层土质情况沿着深度变化较大，土质种类、密实程度和地下水状态等一般都有明显的差异。因此，对旋喷深层长桩，应按地质剖面图及地下水等资料，在不同深度，针对不同地质情况，选用合适的旋喷参数，才能获得均匀密实的长桩。在一般情况下，对深层硬土，可采用增加压力和流量或适当降低旋转和提升速度等方法。

2）重复喷射。根据喷射机理可知，在不同的介质环境中有效喷射长度差别很大。对土体进行第一次旋喷时，喷射流冲击对象为破坏原状结构土。如果在原位进行第二次喷射（即重复喷射），则喷射流冲击破坏对象已改变，成为浆土混合液体。冲击破坏所遇到的阻力较第一次喷射时小，因此在一般情况下，重复喷射有增加固结体直径的效果，增大的数值主要随土质密度而变。

3）冒浆的处理。在旋喷过程中，往往有一定数量的土粒，随着一部分浆液沿着注浆管管壁冒出地面。通过对冒浆的观察，可以及时了解土层状况、旋喷的大致效果和旋喷参数的合理性等。根据经验，冒浆（内有土粒、水及浆液）量小于注浆量 20%者为正常现象，超过 20%或完全不冒浆时，应查明原因并采取相应的措施。若地层中有较大空隙引起的不冒浆，可在浆液中掺加适量速凝剂或增大注浆量；若冒浆过大，可减少注浆量或加快提升和回转速度，也可缩小喷嘴直径，提高喷射压力。

4）控制固结形状。固结体的形状，可以通过调节喷射压力和注浆量，改变喷嘴移动方向和速度予以控制。根据工程需要，可喷射成圆盘状、圆柱状、糖葫芦状、大帽状等多种形状的固结体。

5）消除固结体顶部凹穴。当采用水泥浆液进行旋喷时，在浆液与土搅拌混合后的凝固过程中，由于浆液析水作用，一般均有不同程度的收缩，造成在固结体顶部出现一个凹穴。凹穴的深度随土质、浆液的析出性、固结体的直径和全长等因素而不同。一般深度在 0.3～1.0m 之间。这种凹穴现象，对于地基加固或防渗堵水，是极为不利的，必须采取措施予以消除。

（七）质量检验

（1）检验内容。检验内容包括：固结体的整体性和均匀性；固结体的有效直径；固结体的垂直度；固结体的强度特性（包括桩的轴向压力、水平力、抗酸碱性、抗冻性和抗渗性等）；固结体的溶蚀和耐久性能。

（2）检验点布置、数量与检验时间。

1）检验点应布置在下列部位：

① 有代表性的旋喷桩；

② 施工中出现异常情况的部位；

③ 地基情况复杂，可能对高压喷射注浆的质量产生影响的部位。

2）检验点的数量为施工孔数的 1%，并不应少于 3 点。检验桩数量为桩总数的 0.5%～1%，且每项单体工程不应少于 3 点。

3）检验宜在高压喷射注浆结束 28 天后进行。竖向承载旋喷桩地基竣工验收时，承载力检验应采用复合地基载荷试验和单桩载荷试验，载荷试验必须在桩身强度满足试验条件，并宜在成桩 28 天后进行。

（3）检验方法。检验方法可根据工程要求和当地经验采用开挖检查、钻孔取芯、标准贯入试验、动测法和载荷试验或围井注水试验等方法进行检验，并结合工程测试、观测资料及实验效果综合评价加固效果。

（八）案例分析

1. 工程概况

×××公司科研办公大楼，地上十七层，地下一层，建筑高度 70.50m，总建筑面积为 17485m^2。工程采用框架-剪力墙结构，基础为筏板基础，结构安全等级二级，抗震设防烈度为 7 度。

该建筑场地地貌单元属于岷江水系 I 级阶地，场地内地形较平坦，根据地质勘察资料，其地层结构见表 5-4。

表 5-4　　岩土的物理力学指标

层号	土层名称	层厚（m）	压缩模量 E_s（MPa）	变形模量 E_0（MPa）	内摩擦角 φ（°）	地基承载力特征值 f_{ak}（kPa）
①	杂填土	0.8～4.2				
②	粉土	0.4～3.3	5		15	120
③	细砂	0.6～2.4	4		25	100
④	稍密卵石	0.5～3.2		25	30	250
⑤	中密卵石	0.6～4.3		48	35	500
⑥	密实卵石	0.5～6.4		60		800
⑦	中等风化泥岩					900

2. 确定方案

因该工程地基岩土性质复杂，原设计拟利用中密或密实卵石层作为地基持力层，对局部细砂或稍密卵石层采用级配砂卵石换填的处理方法，要求承载力特征值达到 300kPa，变形模量 E_0≥25MPa。但地基开挖后，发现持力层仍有细砂和松散卵石的透镜体，其均匀性很差，开挖换填易发生坍塌。为了达到设计要求，考虑到高压旋喷注浆法的适用土层范围以及成本较低、工期短、土体固结效果好等优点，最终选择高压旋喷注浆法处理该工程地基。

3. 设计计算

（1）设计布置：

1）主体结构设计要求复合地基承载力特征值达到 300kPa，设计平面布置 1050 根旋喷桩，桩径 0.45m，桩间距 1.5m，三角形布置。

2）旋喷桩对基底下细砂层或稍密卵石层进行加固，以中等密实卵石层作为桩端持力层，桩进入中等密实卵石层 0.5m 以上，为满足桩端承载力和桩侧摩阻力值，桩长大于 4m。

3）桩顶设置 300mm 厚级配砂卵石褥垫层，垫层上设 1.4m 厚钢筋混凝土筏板基础。

（2）喷桩复合地基承载力特征值。

1）单桩承载力特征值：

按摩擦型桩计算 $R_a = u_p \sum_{i=1}^{n} q_{si} l_i + \alpha q_p A_p = 454(\text{kN})$

按桩身强度计算 $R_a = \eta f_{cu} A_p = 419(\text{kN})$

2）复合地基承载力特征值。取桩间距 1.5m，旋喷桩按等边三角形布置在筏板基础范围。实际布桩 119×41=4879（根）。置换率 m=0.0816，则复合地基承载力：

$$f_{spk} = m\frac{R_a}{A_p} + \beta(1-m) f_{sk} = 308\text{kPa} > 300\text{kPa}$$

4. 施工

（1）施工工序：

测量放孔→动力触探引孔→击入喷头及旋喷管→自孔底至基底高压旋喷→孔口补浆→浆体养护→加固效果检测→褥垫层施工。

（2）施工方法。

1）测放桩位。根据该工程旋喷桩平面布置图，用经纬仪测放旋喷桩位置。在施工过程中，随时复核桩位，以保证桩位的准确。

2）成孔。采用动探（SH—30 型钻机）成孔。成孔深度根据方案并结合现场施工情况进一步确定，确保喷头进入稳定的桩端持力层。

3）下旋喷管。将旋喷管放入钻好的孔中，下旋喷管过程中必须保证喷嘴不被堵塞和钻杆接头处不松动。

4）旋喷作业。在旋喷管放入设计深度后，先用 2MPa 低压水测试喷嘴有无堵塞现象，若无，则开始自下而上旋喷。在旋喷过程中控制压力（20～22MPa）、转速（18～22r/min）和提速（20～30cm/min），在临近桩顶 1.5m 处，慢速提升至桩顶。为确保旋喷桩桩径及桩身质量，可复喷 1～2 次。

5）回灌补浆。旋喷作业完成后，应将不断冒出地面的浆液回灌到桩孔内，直至桩孔内的浆液面不再下沉为止。

5. 效果监测

旋喷桩在施工完成 28 天后，对该工程复合地基进行了静载试验：共检测 22 组试验点，11 组复合地基静载试验点，11 组单桩竖向静载试验点。

根据检验结果，单桩竖向承载力特征值为 421kN，经旋喷桩处理后的场地复合地基承载力特征值为 303kPa，满足设计要求。

（九）改进方案

高压旋喷桩一般与桩间土形成复合地基，当受到场地条件限制，特别是既有厂房内部设备基础改造时，由于既有厂房高度、原有老基础等限制，一般施工机械如沉管灌注桩、钻孔灌注桩等机械难以进入或不能正常施工下钻，可以采用高压旋喷桩作为桩基础，旋喷桩内插型钢，增强旋喷桩的抗压强度和刚度，并与基础保持足够强度的连接。

根据场地的岩土工程勘察报告，结合区域资料及地区经验，并根据《建筑地基技术处理规范》（JGJ 79—2012）计算旋喷桩单桩竖向承载力：

（1）按桩身强度计算单桩竖向承载力标准值：

$$R_{\mathrm{a}} = \eta f_{\mathrm{cu}} A_{\mathrm{p}} \tag{5-11}$$

式中 R_{a}——单桩竖向承载力标准值，应通过现场单桩载荷试验确定；

η——桩身强度折减系数，可取 0.35～0.50；

f_{cu}——桩身试块（边长 70.7mm 的立方体）的无侧限抗压强度平均值，通过对软土场地大量旋喷桩钻探取芯无侧限抗压强度试验分析，无侧限抗压强度可取 2.5MPa；

A_{p}——桩的平均截面积。

（2）按桩土端侧摩阻力计算单桩竖向承载力标准值：

$$R_{\mathrm{a}} = u_{\mathrm{p}} \sum_{i=1}^{n} q_{si} l_i + q_{\mathrm{p}} A_{\mathrm{p}} \tag{5-12}$$

式中 n——桩长范围内所划分的土层数；

u_{p}——桩的平均周长（m）；

q_{si}——桩周第 i 层土的侧阻力特征值（kPa），可按《建筑地基基础设计规范》（GB

50007—2011）的有关规定或地区经验确定；

l_i——桩周第 i 层土的厚度（m）；

q_p——桩端地基土未经修正的承载力特征值（kPa），可按《建筑地基基础设计规范》（GB 50007—2011）的有关规定确定。

（3）取以上两式中的低值，即为旋喷桩单桩竖向承载力标准值。该值相当于旧规范中的容许承载力，乘以 2 后即为《建筑桩基技术规范》（JGJ 94—2008）中的单桩竖向极限承载力标准值，按桩基础可取分项系数的 1.65 倍，除以该分项系数即为单桩竖向承载力设计值。

三、水泥土搅拌法

水泥土搅拌法是用于加固饱和黏性土地基的一种方法。它是利用水泥或石灰等材料作为固化剂，通过特制的搅拌机械，在地基深处就地基将软土和固化剂强制搅拌，通过固化剂和软土间所产生的一系列物理化学反应，使软土硬结成具有整体性、水稳定性和一定强度的水泥加固土，从而提高地基强度和增大变形模量。

（一）水泥土搅拌法分类

根据施工方法的不同，水泥土搅拌法可分为水泥浆搅拌和粉体喷射搅拌两种。水泥浆搅拌是用水泥浆和地基土搅拌，称为湿法；粉体喷射搅拌是用水泥粉或者石灰粉和地基土搅拌，称为干法。

（二）主要优点

水泥土搅拌法加固软土地基，具有下列优点：

（1）最大限度地利用了原地基土；

（2）搅拌时不会使地基土产生侧向挤出，所以对原有建筑物及地下沟管的影响很小；

（3）施工过程中无振动，无污染，无噪声，可在城市市区内核密集建筑群中进行施工；

（4）与钢筋混凝土桩基相比，可以大量节约钢材，降低成本的幅度较大；

（5）加固后水泥土的重度与原土比较基本不变，软弱下卧层不会产生附加沉降；

（6）根据地基土的不同性质和工程要求，可以合理选择固化剂的类型及其配方，设计灵活；

（7）可根据上部结构的需要，灵活地采用柱状、壁状、格栅状和块状等加固形式。

（三）适用范围

水泥土搅拌法适用于处理正常固结的淤泥质土、粉土、饱和黄土、素填土、黏性土以及无流动地下水的饱和松散砂土等地基。对于含有高岭石、多水高岭蒙脱石等黏土矿物的软黏土加固效果较好。而对于含有伊利石、氯化物和水铝石英等矿物的黏性土以及有机物含量高、酸碱度较低的黏性土加固效果较差。当地基土的天然含水量小于 30%（黄土水量小于 25%）、大于 70%或地下水的 pH 值<4 时不宜用干法，湿法的加固深度不宜大于 20m，干法不宜大于 15m。冬期施工时，应注意负温对处理效果的影响。水泥土搅拌法用于处理泥炭土、有机质土、塑性指数 $I_p>25$ 的黏土、地下水具有腐蚀性时以及无工程经验的地区，必须通过现场试验确定其适用性。

（四）加固机理

水泥搅拌法的基本原理是基于水泥加固土的物理化学反应。可通过专用机械设备将固化剂灌入需处理的软土地层内，并在灌注过程中上下搅拌均匀，使水泥与土发生水解和水化反应，生成水泥水化物并形成凝胶体，将土颗粒或小土团凝结在一起形成一种稳定的结构整体（即水泥骨架作用），同时，水泥在水化过程中生成的钙离子与土颗粒表面的钠离子进行离子交换作用，生成稳定的钙离子（即离子交换作用），从而进一步提高土体的强度，达到提高其复合地基承载力的目的。水泥与软土拌和后，将发生如下的物理化学反应：

（1）水泥的水解水化反应。减少了软土中的含水量，增加土粒间的粘结，水泥与土拌和后，水泥中的硅酸二钙、硅酸三钙、铝酸三钙以及铁铝四钙等矿物与土中水发生水解反应，在水中形成各种硅、铁、铝质的水溶胶，土中的 $CaSO_4$ 大量吸水，水解后形成针状结晶体。

（2）离子交换与团粒作用。水泥水解后，溶液中的 Ca^{2+} 含量增加，与土粒发生阳离子交换作用，等当量置换出 K^+，Na^+，形成软土大的土团粒和水泥土的团粒结构，使水泥土的强度大为提高。

（3）硬凝反应。阳离子交换后，过剩的 Ca^{2+} 在碱性环境中与 SiO_2^-、Al_2O_3 发生化学反应，形成水稳性的结晶水化物，增大了水泥土的强度。

（4）碳化反应。水泥土中的 $Ca(OH)_2$ 与土中或水中 CO_2 化合生成不溶于水的 $CaCO_3$，增加了水泥土的强度。

水泥与地基土拌和后经上述的化学反应形成坚硬桩体，同时桩间土也有少量的改善，从而构成桩与土复合地基，提高地基承载力，减少了地基的沉降。

（五）设计计算

1. 水泥搅拌桩单桩竖向承载力标准值计算

水泥搅拌桩单桩竖向承载力特征值应通过现场单桩载荷试验确定。有经验时单桩竖向承载力特征值也可按以下两式进行估算，取两者中的较小值。

$$R_a = u_p \sum_{i=1}^{n} q_{si} l_i + \alpha q_p A_p \tag{5-13}$$

$$R_a = \eta f_{cu} A_p \tag{5-14}$$

式中 u_p——桩的周长（m）；

n——桩长范围内所划分的土层数；

q_{si}——桩周第 i 层土的侧阻力特征值（kPa），可按《建筑地基基础设计规范》（GB 50007—2011）的有关规定或地区经验确定；

l_i——桩长范围内第 i 层土的厚度（m）；

q_p——桩端地基土未经修正的承载力特征值（kPa），可按《建筑地基基础设计规范》（GB 50007—2011）的有关规定或地区经验确定；

α——桩周天然地基土的承载力折减系数，可取 0.4～0.6，承载力高时取低值；

f_{cu}——与搅拌桩桩身水泥配比相同的室内加固土试块（边长 70.7mm 的立方体）在标准养护条件下 90 天龄期的立方体抗压强度平均值（kPa）；

η——桩身强度折减系数，干法可取 0.2～0.30，湿法可取 0.25～0.33；

A_p——桩的截面积（m^2）。

2. 竖向承载水泥搅拌桩复合地基的承载力特征值计算

竖向承载水泥搅拌桩复合地基的承载力特征值应通过复合地基载荷试验确定，或采用单桩载荷试验结果和天然地基的承载力特征值结合经验确定。有经验时水泥搅拌桩复合地基的承载力特征值可按下式估算：

$$f_{spk} = m\frac{R_a}{A_p} + \beta(1-m)f_{sk} \tag{5-15}$$

式中 f_{spk}——复合地基承载力特征值（kPa）。

m——面积置换率（单桩平均截面积与每根桩承担的处理面积）。

R_a——单桩竖向承载力特征值（kN）。

A_p——桩的截面积（m^2）。

f_{sk}——处理后桩间土承载力特征值（kPa），宜按当地经验取值，如无经验时，可取天然地基承载力特征值。

β——桩间土承载力折减系数。当桩端土未经修正的承载力特征值大于桩周土的承载力特征值的平均值时，可取 0.1～0.4，差值大时取低值；当桩端土未经修正的承载力特征值小于或等于桩周土的承载力特征值的平均值时，可取 0.5～0.9，差值大时或设置褥垫层时均取高值。

3. 软弱下卧层验算

当设计的搅拌桩置换率较大（一般 m>20%），且不是单排桩时，应将搅拌群桩和桩间土视为一个假想实体基础，用下式进行下卧层地基强度验算：

$$f' = \frac{f_{spk}A + G - A_s q_s - f_{spk}\left(A - A_1\right)}{A_1} < f \tag{5-16}$$

$$f = f_{sk} + \eta_d \gamma_0 \left(d - 1.5\right) \tag{5-17}$$

式中 f'——假想的实体基础底面平均竖向压力设计值（kPa）；

A——基础底面积（m^2）；

G——假想实体基础自重（kN）；

A_s——假想实体基础的侧表面积（m^2）；

A_1——假想实体基础底面积（m^2）；

f_{spk}——复合地基、桩间土承载力设计值（kPa）；

f_{sk}——处理后桩间土承载力标准值（kPa）；

q_s——桩周土摩阻力（kPa）；

f——假想实体基础底面经修正后的地基承载力设计值（kPa）；

η_d——基础埋深的承载力修正系数；

γ_0——基底以上土体的平均重度（kN/m^3）；

d——基础埋深（m）。

4．变形计算

竖向承载水泥搅拌桩复合地基的变形量主要包括水泥搅拌桩的复合土层的平均压缩变形量 S_1 和桩端下未加固土层的压缩变形量 S_2，即

$$S=S_1+S_2 \tag{5-18}$$

水泥搅拌桩复合土层的平均压缩变形量 S_1，可按下式计算：

$$S_1=\frac{P_z+P_{zl}}{2E_{sp}}\cdot l \tag{5-19}$$

$$P_z=\frac{f_{spk}A-f_{sk}\left(A-A_1\right)}{A_1} \tag{5-20}$$

$$P_{zl}=f'-\gamma_p l \tag{5-21}$$

式中 p_z——搅拌桩复合土层顶面的附加压力值（kPa）；

P_{zl}——搅拌桩复合土层底面的附加应力值（kPa）；

l——复合土层的厚度（即桩长）（m）；

γ_p——群桩底面以上土的加权平均容重（kN/m^3）；

f_{spk}——复合地基、桩间土承载力设计值(kPa) ；

f_{sk}——处理后桩间土承载力标准值(kPa)；

A——基础底面积(m^2) ；

A_1——假想实体基础底面积(m^2)

水泥搅拌桩复合土层的压缩模量可按下式计算：

$$E_{sp}=mE_p+（1-m）E_s \tag{5-22}$$

式中 m——面积置换率；

E_{sp}——搅拌桩复合土层的压缩模量（kPa）；

E_s——桩间土的压缩模量，（kPa）；

E_p——水泥土搅拌桩的压缩模量，可取（100～200）f_{cu}（kPa），对桩较短或桩身强度较低者，可取低值，反之取高值。

水泥搅拌桩桩端以下未加固土层的压缩变形量 S_2，可采用现行国家规范《建筑地基基础设计规范》（GB 50007—2011）的有关规定进行计算。

$$S_2 = \sum_i^n \frac{\Delta e_{si}}{E_{si}} H_i \tag{5-23}$$

式中 Δe_{si}——桩端下未加固土层第 i 层复合土体上附加应力增量（kPa）；

H_i——桩端下未加固土层第 i 层复合土层的厚度（m）；

E_{si}——桩端下未加固土层第 i 层复合土体的压缩模量（kPa）。

5. 抗滑验算

路（坝）堤复合地基稳定性可采用圆弧滑动总应力法进行验算，则稳定性安全系数由下式计算

$$K = \frac{S}{T} \tag{5-24}$$

式中 T——最危险滑动面上的总剪切力（kN）；

S——最危险滑动面上的总抗剪切力（kN）；

K——安全系数。

稳定性安全系数取 1.20～1.30，并且水泥搅拌桩桩长应超过危险滑弧以下 2.0m。

6. 其他设计

（1）固化剂。宜选用强度等级为 32.6 级以上的普通硅酸盐水泥。水泥掺量除块状加固时可用被加固湿土质量的 7%～12%外，其余宜为 12%～20%。湿法的水泥浆水灰比可选用 0.45～0.55。外掺剂可根据工程需要和土质条件选用具有早强、缓凝、减水以及节省水泥等作用的材料，但应避免污染环境。取 90 天龄期的立方体试块抗压强度值作为水泥土设计抗压强度值。

（2）桩长。水泥土搅拌桩的设计，主要是确定搅拌桩的置换率和长度。竖向承载搅拌桩的长度应根据上部结构对承载力和变形的要求确定，并宜穿透软弱土层到达承载力相对较高的土层。为提高抗滑稳定性而设置的搅拌桩，其桩长应超过危险滑弧以下 2m。湿法的加固深度不宜大于 20m，干法的加固深度不宜大于 15m。

（3）桩径。水泥土搅拌桩的桩径不应小于 500mm。

（4）垫层。竖向承载搅拌桩复合地基应在基础和桩之间设置 200～300mm 厚褥垫层，其他材料可选用中砂、粗砂、级配砂石等，最大粒径不宜大于 20mm。

（5）桩位布置。竖向承载搅拌桩的平面布置可根据上部结构特点及对地基承载力和变

形的要求，采用柱状、壁状、格栅状或块状等加固形式。桩可只在基础平面范围内布置，独立基础下的桩数不宜少于3根。柱状加固可采用正方形、等边三角形等布桩形式。

（六）施工工艺

根据施工方法的不同，水泥土搅拌法可分为水泥浆搅拌（湿法）和粉体喷射搅拌（干法）两种。

（1）水泥浆搅拌桩：

施工程序：搅拌机定位→预搅下沉→制备水泥浆液→提升喷浆搅拌→重复上下搅拌→关闭搅拌机、清洗→移至下一根桩。

（2）粉体喷射搅拌桩：

搅拌机定位→下钻→提升钻头并反转→提升结束→重复搅拌→移至下一根桩。

（七）质量检验

水泥土搅拌桩的质量控制应贯穿在施工的全过程，并应坚持全过程的施工监理。施工过程中必须随时检查施工记录和计量记录，并对照规定的施工工艺对每根桩进行质量评定。检查重点是：水泥用量、桩长、搅拌头转数和提升速度、复搅次数和复搅深度、停浆处理方法等。

为确保搅拌施工质量，可以选用下述方法进行加固质量检验：

（1）施工原始记录。应详尽、完善、如实记录并及时汇总分析，发现不符合要求的立即纠正。

（2）开挖检验。可根据工程设计要求，选用一定数量的桩体进行开挖、检查加固柱体的外观质量、搭接质量、整体性等。

（3）取样检验。应从开挖外露桩柱体中凿取试块或采用岩芯钻孔取样制成试件。与室内制作的试块进行强度比较。

（4）采用标准贯入或轻便触探等动力触探方法检查桩体的均匀性和现场强度。

（5）用现场载荷试验方法进行工程加固效果检验。因为搅拌桩的质量与成桩工艺及施工技术密切相关。如果在施工现场就地搅拌水泥土桩，桩的尺寸、构造、深度、成桩工艺、地质条件和载荷性质都较接近实际情况，所得到的承载能力也就符合实际情况。

（6）对采用搅拌加固地基的工程投入使用后，定期进行沉降、侧向位移等观测，这是检验加固效果的最直观方法。

（八）案例分析

1. 工程概况

生活综合楼C幢上部结构形式为框架结构，基础形式为条形基础，荷载的分布取值15t。该施工场地地势较平整，地基土工程地质条件较差，地下水埋藏较浅，水位埋深为0.50m。

2. 水泥搅拌桩设计

设计时采用42.5级普通硅酸盐水泥作为固化剂，设计桩径600mm，初选桩长为14.5m，有效桩长14.0m，建筑物基础底面积为4624.74m^2，打桩面积为148.88m×46.72m^2，水泥掺合量是270kg/m^3，选定水泥浆的水灰比是0.55，复合地基承载力标准值165kPa，桩端地基土未经修改的承载力特征值（q_p）为200kPa，处理后的桩间土承载力特征值（f_{sk}）为80kPa，采用正方形布桩，桩间距1m，设计桩数4220根，加固水泥土方量17383.06m^3。水泥用量为4693t，概算总造价280万，工期为44天。

3. 复合地基承载力计算

（1）单桩承载力的计算。按单桩承载力按摩擦桩计算：

$$\begin{aligned} R_k^d &= u_p \sum q_{si} l_i + \alpha \times A_p q_p \\ &= 8 \times \pi \times 0.6 \times 14.5 + 0.5 \times \frac{\pi \times 0.6^2}{4} \times 200 \\ &= 219 + 28.3 \\ &= 247.3(\text{kN}) \end{aligned}$$

式中，桩周天然地基土的承载力折减系数$\alpha = 0.5$。

（2）复合地基承载力设计。按设计要求，复合地基承载力f_{spk}≥165kPa，则：

由 $f_{spk} = m \times \frac{R_k^d}{A_p} + \beta(1-m) f_{sk}$ 得出

$$\begin{aligned} m &= \frac{f_{spk} - \beta f_{sk}}{\frac{R_k^d}{A_p} - \beta f_{sk}} \\ &= \frac{165 - 0.5 \times 80}{\frac{247.3}{\frac{\pi}{4} \times 0.6^2} - 0.5 \times 80} \\ &= 25.8\% \end{aligned}$$

式中，桩间土承载力折减系数为$\beta = 0.5$。

对于采用柱状加固时，可采用正方形或等边三角形布桩形式，在本工程中，采用的是正方形布桩（图5-3）。

桩数可按下式计算得出：

$$n = \frac{mA}{A_p} = \frac{25.8\% \times 4624.74}{\frac{\pi}{4} \times 0.6^2} = 4220(\text{根})$$

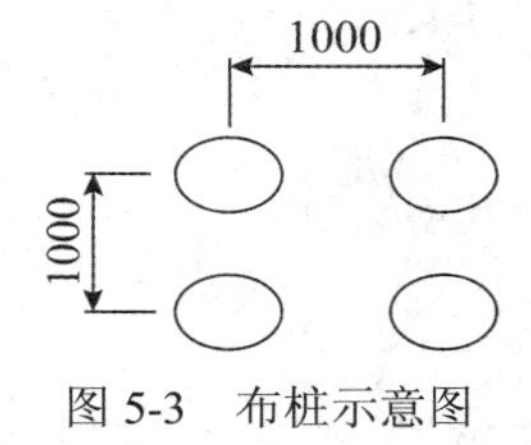

图5-3　布桩示意图

在布桩时，取桩数为4240根。

（3）群桩基础验算。将加固后的桩群视为一个格子状假想实体基础，水下水泥土平均重度取 8.8kN/m^3，则实体基础底面积：

$$A_1=148.88\times47.2=7027.136\ (\mathrm{m}^2)$$

则侧面积　$A_s=(148.88\times14.5+47.2\times14.5)=5686.32\left(\mathrm{m}^2\right)$

自重　$G=\gamma hA_1=896662..55(\mathrm{kN})$

（4）承载力验算。实体形基础底面修正后的地基承载力设计值：

$$\begin{aligned}f&=f_k+\eta_d\gamma_0(d-0.5)\\&=80+1\times17.1\times(14.5-1.5)\\&=302.3(\mathrm{kPa})\end{aligned}$$

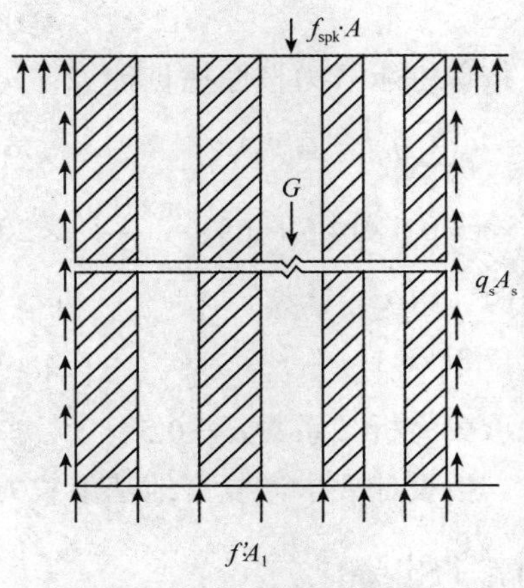

图 5-4　搅拌桩下卧层强度验算

实体基础底面压力（图 5-4）

$$f'=\frac{f_{spk}A+G-q_sA_s}{A_1}$$

$$=\frac{165\times148.88\times47.2+89662.6-5686.32\times8}{148.88\times47.2}$$

$$=171.3\mathrm{kPa}<f$$

满足要求。

（5）沉降验算。对沉降要求较高的建（构）筑物，进行强度验算外，还应对地基进行沉降变形验算。水泥土搅拌桩复合地基变形 S_1 和桩端下未未加固土层的压缩变形 S_2 之和，即：

$$S=S_1+S_2$$

其中

$$S_1=\frac{(p_z+p_{zl})\cdot l}{2E_{sp}}$$

$$=\frac{299.8\times14.5}{2\times81.3}$$

$$=26(\mathrm{mm})$$

$$P_z = \frac{f_{spk}A - f_{sk}(A - A_1)}{A_1}$$
$$= \frac{165 \times 148.88 \times 47.2}{4624.74}$$
$$= 250(\text{kPa})$$

$$P_{zl} = f' - r_p l = 173 - 8.8 \times 14 = 49.8(\text{kPa})$$

$$E_{sp} = mE_p + (1 - m)E_s = 81.3(\text{MPa})$$

S_2用分层总和法计算，实体基础底面中点的沉降S_2=23.7mm。

总沉降S=S_1+ S_2=49mm，满足沉降变形要求。

（九）改进方案

深层搅拌形成的水泥土桩体有其固有的荷载传递规律，其变形、破坏特征与钢筋混凝土桩有很大的差异，传统的确定混凝土桩承载力的方法已难以准确地确定水泥土桩的承载力。同时，采用单桩载荷试验与复合地基载荷试验，对水泥土桩的受力变形的影响亦不完全相同，造成评价的结果亦有很大出入。探讨并优化复合地基的设计方法，有利于提高设计水平，能有效地节约工程造价，提高整体经济效益。

水泥土搅拌桩复合地基的设计计算在前面内容前面已经介绍，下面就基础平面尺寸和桩长优化设计进行探讨。

1. 基础平面尺寸的计算及优化处理

如何初定基础平面尺寸，使得其较为合理，减少重复计算，是水泥土搅拌桩复合地基设计所需要解决的问题。通常可预先假定一个水泥搅拌桩单桩竖向承载力特征值R_a（对于ϕ500 单桩水泥搅拌桩，取R_a=100～110kN），计算上部结构传给基础的总重N，根据桩土应力比，取桩所承担的荷载为$k \cdot N$（k=0.75～0.85，k为承载力分项系数），对于中心荷载作用下复合地基的基础总面积（A）：

$$A \geqslant \frac{N}{f_{spk} - 2D} \tag{5-25}$$

式中　D——基础埋置深度；

N——竖向总荷载（kN）。

又因$f_{spk} = m\frac{R_a}{A_p} + \beta(1 - m)f_{sk}$代入上式整理得：

$$A\left[m\frac{R_a}{A_p} + \beta(1 - m)f_{sk} - 2D\right] \geqslant N \tag{5-26}$$

取基底土承载力为（0.7～0.8）f_{sk}，基底土受到的应力为$\frac{(1-k)N}{A-nA_p}=0.75f_{sk}$

而总桩数

$$n=\frac{kN}{R_a} \tag{5-27}$$

由此可得：

$$A=\frac{(1-k)N}{0.75f_{sk}}+\frac{kN}{R_a}A_p \tag{5-28}$$

由式（5-28）直接求得基础总面积A，可用k=0.8试算，代入式（5-26），即求得面积置换率m。

同样，对于偏心荷载下的基础，可由$\frac{N+2AD}{A}\left(1+\frac{6e}{L}\right)\leqslant 1.2f_{sk}$和式（5-28）联立求得$A$和$m$。

对下卧软弱层承载力及地基变形验算，若验算不合格，可调整k值，重新求得A和m，在确保变形的前提下也可调整桩长，使计算结果符合要求。排桩时，应尽可能使桩距大一些，以便能充分发挥桩周摩阻作用，减少群桩效应，有利于较少沉降。

对不同荷载的墙下（或柱下）基础，按式（5-28）分别计算其基础总面积A和桩数$n\left(n=\frac{mA}{A_p}\right)$。排桩结束后，确定实际采用的基础平面尺寸（面积）。如果实际采用的基础总面积与初定的基础总面积不相符时，只要实际采用的基础总面积不小于初定基础总面积即可满足要求。因为，虽然面积加大，桩数不变，置换率减少，但总的复合地基承载能力还是增大的。分析如下：

$f_{spk}=m\frac{R_a}{A_p}+\beta(1-m)f_{sk}$两边同乘基础总面积$A$，经简化换算可得到：

$$Af_{spk}=nR_a+\beta Af_{sk}-\beta nA_pf_{sk} \tag{5-29}$$

等号左边即为复合地基总的承载力标准值；当基础总面积A增大，等号右边的数值也增大；说明当桩数不变，基础总面积增大，总的复合地基承载能力增加。

2. 桩长的选择及优化处理

确定水泥搅拌桩的长度也是水泥土搅拌桩复合地基设计中需要解决的问题。对于一般的多层民用建筑大多采用6～12m的桩长。那么，是采用较长的桩有利，还是采用相对较短的桩有利？这个问题值得探讨。目前，水泥搅拌桩的造价是以桩的体积作为工程量来计算，下面分析达到相同复合地基承载力特征值f_{spk}条件下，采用不同的桩长（L_1、L_2）时，桩的总体积（V_1、V_2）有何变化。

单桩承载力：$R_a=u_p\sum_{i=1}^{n}q_{si}l_i+\alpha q_pA_p$

若不考虑桩端土的作用，按单层土纯摩擦桩计算单桩承载力，则

$$R_{a}=u_{p}\overline{q}_{s}L \tag{5-30}$$

由式 $f_{spk}=m\frac{R_{a}}{A_{p}}+\beta(1-m)f_{sk}$ 可推导出：$\frac{m_{2}}{m_{1}}=\frac{4\overline{q}_{s}L_{1}-\beta Df_{sk}}{4\overline{q}_{s}L_{2}-\beta Df_{sk}}$

又

$$n=\frac{mA}{A_{p}}$$

故

$$\frac{V_{2}}{V_{1}}=\frac{n_{2}A_{p}L_{2}}{n_{1}A_{p}L_{1}}=\frac{m_{2}L_{2}}{m_{1}L_{1}}=\frac{4\overline{q}_{s}L_{1}L_{2}-\beta Df_{sk}L_{2}}{4\overline{q}_{s}L_{1}L_{2}-\beta Df_{sk}L_{1}}$$

$$\frac{V_{1}-V_{2}}{V_{1}}=\frac{\beta Df_{sk}(L_{2}-L_{1})}{4\overline{q}_{s}L_{1}L_{2}-\beta Df_{sk}L_{1}}$$

式中 m_1——桩基础 1 的面积置换率；

m_1——桩基础 2 的面积置换率；

$\overline{q}_s$——桩周土承载力平均标准值（kPa）；

L_1 、L_2——不同桩的长度（m）；

V_1、V_2——桩的总体积（m^3）。

设定一组数据 $\overline{q}_s$=10kPa；β=0.7；D=0.5m；f_{sk}=70kPa；L_1=6m；L_2 分别为 7、8、9、10、11、12m。计算结果见表 5-5：

表 5-5　　不同桩长的桩总体积变化幅度的计算结果

体积变化	L_2（m）					
	7	8	9	10	11	12
$\frac{V_2}{V_1}$	0.984	0.972	0.963	0.957	0.951	0.946
$\frac{V_1-V_2}{V_1}$	1.598	2.764	3.651	4.349	4.914	5.379

从计算结果分析，桩长（由 6m→12m）增加一倍，而桩的总体积几乎不变（变幅小于 5.4%）。但采用较长的桩，单桩的承载力一般较高，要求的桩身强度也较高，导致需加大水泥掺入量，桩的造价增加；同时，实际桩身强度也相对较难达到设计要求。对于摩擦型桩，桩侧摩擦力随深度减少，桩过长，则桩下部的摩擦力更难发挥。综上所述，可以这样认为：在满足下卧层强度验算的要求前提下，采用较短的桩，加大置换率，较为有利。

06

第六章　冷热处理法

冷热处理法可以分为冻结法和烧结法两种。

一、冻结法

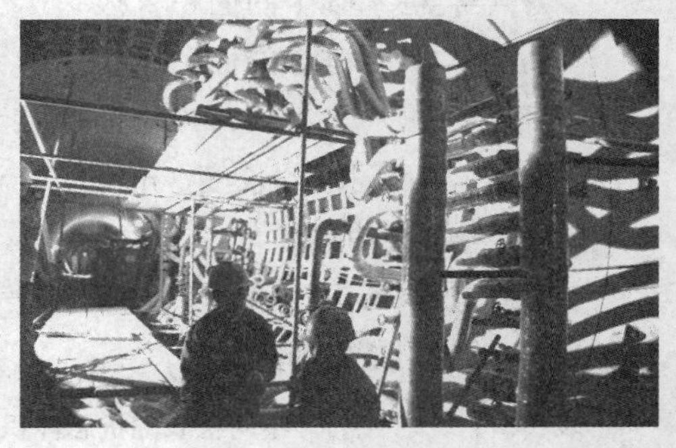
图 6-1　冻结施工现场

起源于煤矿，由于其独特的优点，在城市地下工程中得到了越来越广泛的应用。冻结法是利用人工制冷技术，使地层中的水冻结，把天然岩土变成冻土，增加其强度和稳定性，隔绝地下水与地下工程的联系，以便在冻结壁的保护下进行隧道、立井和地下工程的开挖与衬砌的施工。其实质是利用人工制冷技术临时改变岩土的状态以固结地层（图 6-1）。冻结法适用于各类土，特别是在软土地质条件、开挖深度大于 7～8m，以及低于地下水位的情况下也是一种普遍而有用的施工措施。

（一）冻结法的优缺点

1. 优点

（1）冻结加固地层效果好。冻结后地层的抗压强度明显提高，可达到 2～10MPa。

（2）封水效果好。可保证开挖工作面在不渗、不漏的无水条件下作业。

（3）适应性强。能适用于多种地层和各种地下工程，尤其适用于含水量大、地质软弱、采用其他方法加固有困难的地层或难于施工的地下工程。

（4）整体支护性能好。冻结体形成后，冻结体内部不会存在任何缝隙，是一个完整的支护体。

（5）安全性好。冻结体是一个整体，在冻结体的遮护下，可保证隧道掘进的安全施工。

（6）灵活性好。可以人为地控制冻结体的形状和扩展范围，必要时可以绕过地下障碍物进行冻结。

（7）环境保护好。由于冻结法是一种临时措施，地层冻结仅仅是将地层中的水变成冰，并且所固结的地层最终要恢复到原始状态，因而能保护城市地质结构和地下水不受污染。

2. 缺点

由于冻结引起地层胀起，融化时引起地层沉陷，对地面及建筑物有一定的影响，同时地下水含盐量过高及地下水流速度过快，难以冻结；且需要较大功率的电源；最后工期较长，造价相对比较高。

（二）适用范围

冻结法适用于任何含一定水量的松散岩土层，在复杂的工程地质、水文地质如软土、含水不稳定层、流砂、高水压及高地压地层条件下冻结技术均有效可行。特别是在软土地质条件、开挖深度大于 7～8m，以及低于地下水位的情况下。冻结法是一种普遍而有用的施工措施。

（三）冻结法分类与原理

冻结法根据其制冷工质的不同分为直接冻结法和间接冻结法。

1. 间接冻结法——低温盐水法

以氨、氟利昂或其他物质作为制冷工质，经过制冷压缩机对制冷工质进行压缩、节流膨胀的反复循环做功，将盐水降至负温，由负温盐水作为传递冷量的媒介，将冷量传递给需要冻结的岩土层，达到冻结局部岩土的目的。这种冻结方法由三大循环系统构成：氨（氟利昂）循环系统、盐水循环系统、冷却水循环系统。

采用这种制冷方法通常可获得–20～–35℃左右的低温盐水，用来冻结岩土。

2. 接冻结法——液氮法

此法常用的制冷物质有液氮和干冰（但干冰在工程上的应用极少）。液氮在 1 个标准大气压下的蒸发温度为–196℃，干冰在 1 个标准大气压下的升华温度为–32℃。在要冻的土体不大或抢险堵水的紧急情况下，用液氮冻结有快速和便利的优点。

上述两种常用的方法既可独立应用，也可组合应用，以达到快速和经济的施工效果。

（四）设计计算

1. 冻结壁的形式选择

根据地下构筑物的埋深、走向和形式，选择冻结壁的形式。常用的冻结壁的形式有立式冻结、水平冻结和斜式冻结三种。三种冻结壁的适用范围和特点见表 6-1。

表 6-1 常用冻结壁的形式

方法	工艺特点	适用范围	备注
立式冻结	冻结管自地表垂直向下穿入地层，通过对冷冻液循环深度的控制，实现由地面到地下某一深度的连续冻结或对地下某一深度的含水不恒定地层的局部冻结	（1）含水地层内的工作竖井施工 （2）位于埋深较浅的含水地层中的水平隧道或倾斜度不大的隧道施工	
斜式冻结	冷冻管在地层中围绕倾斜隧道前进的方向排列，在含水地层中形成倾斜的冻结体	适用于含水软弱地层中的倾斜隧道	
水平冻结	冻结管在地层中围绕着隧道的前进方向水平排列，在含水的软弱地层中冻结形成水平的冻结体，覆盖或环绕待施隧道	适用于含水软弱地层中的水平隧道	

2. 冻结壁厚设计

冻结壁是具有弹塑性的黏滞体，在外荷载作用下呈现弹性和塑形变形，并产生松弛现象。如塑形区塑形变形超过允许值，冻结壁和冻结管可能遭受破坏。因此，冻结壁厚度既要满足强度条件，又要满足变形条件的要求。即在城市地下工程的施工中，冻结壁强度必须满足开挖面暴露、开挖和一次衬砌强度达到设计强度之前各施工阶段的地层稳定和完成阻水的要求。

立式冻结壁的厚度可采用弹性力学的厚壁筒公式或拉梅公式进行计算，而水平冻结壁的厚度常采用有限元法计算确定。采用弹塑性有限元程序还可以了解开挖阶段土体和冻结壁的塑形区域的开展情况，这有利于判断施工过程的安全度。根据已有的工程经验，在城市浅土层下施工时，冻结壁的厚度主要受埋深和地面荷载状况的影响，常在 1.2～2.0m 之间选用，在暗挖施工熟练、量测监控技术较好的情况下，可取较小的厚度，以节省电能。

3. 制冷系统的选用

除了在特殊的小型抢险工程中采用液氮冻结法速冻外，一般情况下均选用盐水制冷设备进行冻结施工。制冷冻结系统由氟利昂（氨）循环系统、盐水循环系统和冷却水循环系统等三大部分组成。

对于氟利昂（氨）循环系统，首先要根据地层冻结深度和冻结规模，考虑冷量损失系数（与季节、冷冻管线长度、管路保温条件有关，常取 1.10～1.25 之间），计算出冻结站所需的制冷量。城市地下工程的冻结规模一般小于矿山建井所需的冻结规模。根据已有的成功经验，常见城市地下工程所需的冻结系统的制冷量大约在每小时 10 万大卡以下（配套的冷冻机组的电机功率在 1 千瓦左右）。根据工程对制冷量的要求可以进一步选定制冷机组，进行冻结站的设计。

4. 钻孔孔位的配置

地层中的钻孔主要是为安装冻结管。冻结管的作用是：管体置于地层钻孔内，用来输送低温盐水与地层直接进行热交换，使冻结管周围的土体温度降低，自由水冻结，形成有足够强度的冻结壁。冻结管一般选用直径ϕ127～139mm/m，壁厚 5～10mm 的钢管，目前常选用ϕ127×7.5mm 的无缝钢管，也可以根据城市地下工程的实际情况减小冻结管的直径。

方案确定阶段要根据钻机的性能、冻结深度、土层压力、冻结时间和钻孔技术综合确定冻结孔的开孔间距和钻孔的允许偏斜率。在城市浅层土体中进行施工，特别是在水平冻结的情况下，为保证所施工的地下构筑物的尺寸，避免对相邻建筑物造成损害和减少地面沉降，对孔的允许偏斜率的要求较高，钻孔的偏斜率一般小于 5%。

5. 冻结时间的确定

冻结前，同一深度的地层具有相同的原始温度。冻结开始以后，在冻结管周围产生降温区，形成以冻结管为中心的冻结圆柱，并逐渐扩大直至与相邻的冻结圆柱连接成封闭的冻结壁。冻结壁的交圈时间主要与冻结孔的间距、盐水温度、土层性质、冻结管直径、地层原始温度等因素有关。

（五）施工工艺

1. 冻结法施工的三个阶段

（1）积极冻结阶段。在施工地层中开展冷冻作业，并将地层中的冻结壁扩展到设计厚度的阶段。

（2）维护冻结阶段。维护施工所需要的冻结壁厚度，进行地下工程正常施工操作的阶段。

（3）解冻阶段。地下结构工程施工完成，停止制冷，地温恢复原状的阶段。

2. 冻结法施工的四大工序

（1）冻结站安装。冻结站由压缩机、冷凝器、蒸发器、节流阀、中间冷却器、盐水循环系统设备等组成。

（2）冻结管的施工。钻冻结孔，在冻结孔内设置冻结器，将不同冻结孔内的冻结器连成一个系统，并与冻结站连接。

（3）地层冻结。在积极冻结阶段应保证冻结站正常运行，以期尽快形成冻结壁，给后续的开挖和结构物施工创造条件。

（4）地下工程掘进施工。施工阶段特别需要注意控制地下水质对冻结效果、地层含水率和地下水流速对冻结效果、地层冻胀融沉对环境、冻土壁蠕变和低温环境对混凝土浇筑施工的影响。

3. 注意事项

这是做好现场检测室冻结法施工成败的关键步骤之一。如上所述，冻土是对温度十分敏感且行之不稳定的土体，为了及时掌握施工质量、发现并杜绝事故的苗头，应定时重点检测循环盐水的温度和流量、冻土墙的温度、开挖动气土墙体的变形量、地面冻胀和融沉量等。

冻土墙形成过程中，由于水分迁移和冰凝引起地基土冻结膨胀，是冻结法施工的最大弱点。由于土体冻胀，不仅在垂直方向上使地面向上隆起，形成以冻土墙为中心的草笠状变形区，对冻胀范围内的邻近建筑物构成威胁，而且在水平方向上，在把冻土墙外侧的未冻结地基侧向挤出的同时，增大了未冻地基对冻结挡墙的土压力。但对于软土地基，由于侧向变位较大，水平方向冻胀影响范围衰减较快，一般对冻土墙体外围 5m 以外的构筑物不会构成严重威胁。为减少冻胀影响，施工中应设置一定数量的减压孔。对于有 2～3 排冻结孔的情况，可采用不同时冻结的方法，避免封闭型冻结。在冻结维护期也可采用间歇冻结法。

为减缓开挖过程中侧向冻胀力的释放速度，基坑开挖宜由中心向边缘逐步推进。

为避免冻土墙解冻后地基土的融沉，应在起拔冻结管的同时，用砂砾充填，注意夯实。若遇有沉降很大的地基时，应采用下列方法：设计的结构物应具有一定柔性；冻结前在结构物下面设支承桩或灌注灰浆、化学浆液以增加地基承载力。

做好主体工程施工和冻结施工两者的密切配合是完成冻结法施工的必要条件，否则会造成人力、物力浪费，甚至于导致工程失败。为此，应组织设计、施工和监测人员组成的施工领导小组，统一协调施工。

为减少施工期间冻结管的冷量损失，除对输液管本身进行隔热处理外，应对冻土墙从地面和开挖侧面进行保温。采用聚酯泡沫塑料板镶嵌拼接保温，外加塑料薄膜覆盖或用聚氨基甲酸酯泡喷涂。

为防止基坑开挖期间雨水积聚对冻土墙的不利影响，应在基坑内适当位置设置排水井。

（六）现场监测

1. 低温盐水温度和流量监测

冷冻系统由清水系统、盐水系统、冻结设备系统组成。清水系统是清水由清水泵加压至冷冻机冷凝器进行热交换，置换后的热水经管道集结至冷却塔冷却，冷却后回至清水池，经清水泵加压进行下一循环；盐水系统是由冷冻机制冷后的低温盐水经盐水泵加压由管路至冻结孔分配器，均匀分配至各冻结管内，与周围的土体进行热交换后，经集结管管路回至冷冻机制冷，回至盐水箱内，进行下次循环。

在施工过程中，通过特定的方法对低温情况下盐水的温度和流量进行监测，最终得出冻土的冷冻情况，以此决定冻土是否达到要求强度。

2. 冻土壁及外围地基土温度监测

在土冻结系统中的土体系统包括内侧融土、冻土壁、外侧融土。通过在冻土壁和外围地基土设置一定数目的测温孔，测试其温度变化，确定其温度场，由此最终来确定冻土壁厚度（即判定冻结壁结冰面），反映冻土壁强度和稳定性的综合指标正是冻土壁厚度。

测温孔的位置一般设置在冻结壁外缘界面后者认为必须控温处。

3. 土体水平、竖向位移和应力监测

测定特定方向上的水平位移时可采用视准线法、小角度法、投点法等；测定监测点任意方向的水平位移时可视监测点的分布情况，采用前方交会法、自由设站法、极坐标法等；当基准点距基坑较远时，可采用 GPS 测量法或三角、三边、边角测量与基准线法相结合的综合测量方法。竖向位移监测可采用几何水准或液体静力水准等方法。在测量土体的应力时，可以通过测量应力来间接求得应力，土压力宜采用土压力计量测。土压力计埋设可采用埋入式或边界式（接触式）。

变形监测系统可用百分表或位移传感器（一般量程 30mm，最小分度值 0.01mm），有条件时可采用数据采集仪和计算机组成，监测试验过程中土样变形量。

4. 地下水位监测

由于地下水位直接影响冻土墙的深度，所以我们要根据不同的季节测得不同的地下水位。目前地下水位的测量方法是利用水位管和钢尺水位计，配合水准测量，确定地下水位高程，通过各观测期水位管内水面高程的变化，监测地下水位的变化量。水位监测仪器包括：SWJ90 钢尺水位仪（钢尺量距读数精度为 1mm）、电子水准仪。

（七）案例分析

1. 工程概况

×××车站南端头井洞门区域采用地下连续墙、深层搅拌桩以及压密注浆对土体进行加固，在凿除洞门钢筋混凝土时发现洞门中心处东、西两侧有流砂涌入，迅速采用双液注浆堵水，过了两天又有大量流砂涌入，对周围环境产生较大的影响，其中端头井东侧的沉降量增大，东部 20m^2 区域地面下陷 1.5m 左右。在这种情况下施工单位及时采取措施，保证了施工以及周围环境的安全。

根据管线及房屋调查结果显示，在张府园车站南端头井的东侧沿中山南路方向 15m 范围内有 380V 的电缆一根，直径约 900mm 的下水管一根，南侧沿建邺路方向 15m 范围内有 380V 的电缆一根，ϕ1200mm 以及ϕ150mm 的上水管一根。这些管线距加固区域距离均在 8～15m 范围之内。

2. 选择加固方案

我国城市地下工程常采用旋喷、深层搅拌、注浆、地下连续墙及冻结法等加固方法。由于×××车站南端头井地质条件较为复杂，容易产生流沙，经过压密注浆监测加固效果不太明显，有些土质吃浆量低；旋喷对淤泥、粉土、砂土等软弱地基处理有良好的效果，但当地层存在动水时，旋喷桩养护时间需要延长，有潜在不能成桩的危险，且难于发现，若出现部分旋喷桩不能成桩，必须再次加固，这就增加加固的难度。

冻结法可在极其复杂的地质条件下和水文条件下形成冻土壁，试验结果表明，在粉土及粉砂层中冻结，冻融土的压缩模量降低不大，即冻融沉陷不会太大，显然是一种安全可靠的方法。经过方案比选，张府园盾构出洞采用了人工冻结技术。

3. 冻土墙设计

采用在盾构出洞口周围土层中布置垂直冻结孔冻结的方法，在洞口外侧形成一道与工作井地连墙紧贴的冻土墙，其作用主要是抵抗洞口周围的水压力。由于冻结加固区外侧已有搅拌桩，可以承受土压力，所以，仅按封水要求设计冻土墙，冻土墙的厚度按搅拌桩加固区与地连墙之间的距离确定，有效厚度为 0.5m。由于地连墙混凝土的导热性好，冻土墙与地连墙之间不易冻结，所以，要求冻结管靠近地连墙，并对盾构出洞口附近工作井表面进行保温。

冻结孔布置与冻土墙形成设计如图 6-2 所示。共布置冻结孔 21 个，孔深度为 17.5m，开孔间距 450mm，冻结孔与工作井地连墙之间的间距为 250mm，设测温孔 2 个，深度 17.5m。冻结孔允许偏斜率 5%。冻土墙的扩展速度取 26mm/天。设计冻结 15 天后开始破盾构出洞口，此时，冻土墙厚度达到 0.64m，宽度达到 7.8m，均能满足上述设计计算要求。设计最低盐水温度为–28～–24℃，并要求冻结 7 天盐水温度达到–22℃；冻土墙平均温度不高于–9℃。打开隧道出洞口时冻土墙与工作井地连墙交界面附近温度低于–3℃。冻结管外径为 108mm；冻结 15 天后开始打开盾构出洞口；拔除冻结管 2 天。

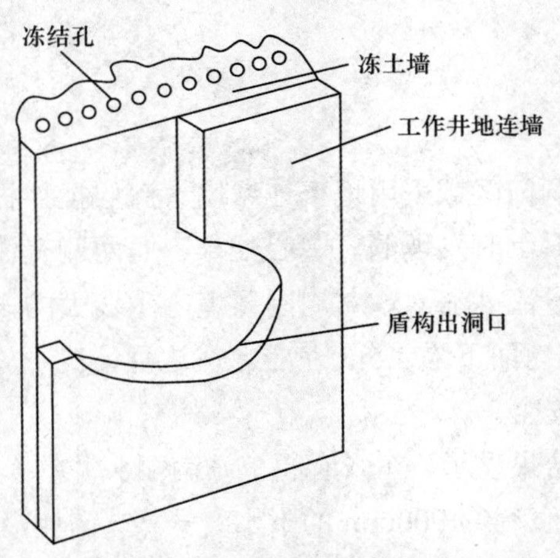

图 6-2 冻结孔布置及冻土墙形成示意图

4. 施工工艺

冻结法的工艺过程为：在盾构出洞方向沿工作井地连墙外侧布置冻结孔，并在冻结孔中循环低温盐水，使冻结孔附近的含水地层结冰形成冻土墙，并在冻土墙的保护下打开盾构出洞口和推进盾构机。

冻结法加固地层的主要施工工序为：施工准备→冻结孔施工，同时安装冻结制冷系统→安装冻结盐水系统和检测系统→冻结运转→探孔检验→打开盾构出洞口→停止冻结，拔冻结管→盾构推进。

5. 遇到的技术问题

（1）冻胀融沉。城市地下工程冻结法施工存在冻胀融沉问题，过量的冻胀融沉量会对地表建筑物、交通和地下管线产生破坏作用，抑制冻胀防止冻融下沉是冻结法用于地铁以及城市岩土工程的主要问题之一。

冻胀机理是土体中的水结冰时体积增大，产生的水压导致地下水向冻结峰面迁移，致使冻胀现象越来越显著。当冻土融化时，体积减小，且产生较大的土层沉降。不同地质条件下冻胀和融沉量也不相同，黏土变形大，粉土、砂土次之，融沉量一般大于冻胀量。

一般可实施的抑制冻胀措施：

1）降低冷却温度，增大冻结速度，例如采用二级压缩制冷、适当加大冻结管的直径；

2）把冻结范围控制在必要的最小限度，例如采用局部冻结器；研究冻结管的布置，使冻结膨胀变形和热传递方向一致；

3）利用钻孔使地基产生沉降和松动，以抵消部分变形；

4）研究冻土形成的顺序，尽量用横向位移吸收膨胀；

5）通过增加孔隙水的黏性来控制向冻结面的水分迁移量。

6）另外，压力释放孔、注浆冲填、工作面释放水和强制解冻等措施，也可有效地解决冻胀融沉问题。

（2）缩短工期的措施。冻结施工工期主要有冻结设备安装时间、打钻布管时间、积极冻结时间和挖掘或推进时间组成，其中积极冻结时间占50%左右，冻结设备安装时间占25%左右，因此如何减少积极冻结和设备安装时间成为关键，合理选择冷冻机组、冻结孔间距以及最佳盐水温度是至关重要的。

6. 总结

在城市地下工程中采用冻结法施工，要想得到预期的效果，必须处理好以下几个环节：

（1）冻结方案必须充分论证。冻结法施工虽然是一种稳定围岩和阻隔地下水的好方法，但是它同时也是一种比较复杂的、耗费电能比较多的特殊方法。在确定冻结法方案之前，必须要对构筑物的设计、施工场地的水文地质、地下障碍物分布、冻结站的选址、电力和器材的供应等多方面的情况进行详细的调查，做出多种冻结方案的经济分析比较，并经过充分论证以确定最佳冻结方案。

（2）要有良好的设备和技术熟练的施工队伍。冻结施工开始之前，要制定详细的实施计划，做好充分的准备。其中制冷和钻孔设备选型和人员培训是最主要的步骤。

（3）对衔接工法要事先做好充分准备。地层冻结阶段，无论是积极冻结还是维持冻结，都要耗费大量的电能。因此为开挖和初砌工法做好充分的技术和物资的准备，对加快工程进度和降低造价有很大的意义。例如，要提前准备好低温下冻土层的开挖机具和设备、确定冻土层中开挖面的支护和稳定方法、选择抗冻混凝土的配比、制定必要的养护措施等。这样才能充分发挥作为重要辅助工法的地层冻结法的最大效能，有机地衔接暗挖法或其他机械施工法，优质、高效地完成施工。

（4）要充分考虑施工对环境的影响。城市里的地下工程冻结施工与矿山冻结施工有很大的不同。后者往往要深入地下数百或上千米，因此，冻结壁的应力计算和避免冻结管的破裂是保证安全的主要控制点。而城市地下施工，冻结壁承载和冻结管的完好并不是主要矛盾，地层冻胀、融沉对相邻建筑物的影响，地层降温对正在运行的地下管线（特别是带水管线）安全的影响变成了主要的矛盾。所以在施工时要充分考虑冻结施工对环境的影响，并制定相应的对策，才能保证工程顺利完成。

（八）补充介绍

冻结法是近一个多世纪以来，为满足高含水软弱地层施工的需要，由西方工业化国家的采矿业产生的、伴随着人工制冷技术的发展而逐渐形成的一整套的特殊辅助施工技术。尽管它的原理并不深奥，但是它广泛地涉及工程地质、岩土工程、热机与制冷、钻井、金属材料、测量与控制等多种学科，是一项较为复杂的综合技术。因此目前各国仍在不断地探索和积累，力求透彻地掌握和熟练地应用这项技术。

近些年来，随着城市地下空间开发规模的扩大，面临的地质环境越来越复杂，对地下施工技术的要求也越来越高。正是由于冻结法施工具有加固效果可靠、封水性能良好、适应广泛、应用灵活等种种优点，使得这些年以来冻结法在城市地下工程施工中逐渐显现出其特有的生命力。

与其他施工方法相比，冻结法有很多独特的优点：虽然它的施工周期较长，但可以在无法使用降、排水法和其他地层加固方法的含水地层内进行施工；虽然它的费用不低，但可以保证在软弱的含水地层中的施工安全；虽然它所需要的配套设备较多，但对地层的加固方法却是无公害、无污染，有利于环境保护。

冻结法一般用于以下方面：

1. 在无法降、排水的地层中采用

城市地下工程施工中的浅埋暗挖法、盖挖法、人工顶进法等常用工法，都只能在不带水的情况下才能应用。在透水地层中进行施工，必须要先降水、排水，在地层中形成降水漏斗后才能采用常规的方法进行施工。降排水的过程需要耗费大量的电能；抽、排地下水会造成大面积的地面下沉，危害地面建筑的安全；地下水的抽、排必然损失了宝贵的地下水，这对于我国处于缺水状况的大多数城市来说，无疑是雪上加霜。特别是当地层的渗透系数过大或地下水位过高时，常用的地下施工方法就难以采用。虽然盾构和机械化顶管机可以穿越含水地层，但盾构机和机械化顶管机目前还不够普及。所以近年来在一些大城市轻轨穿越护城河的工程和××地铁穿越断裂岩层的工程中采用了冻结法辅助浅埋暗挖法的设计。

2. 在难于加固的含水软弱地层中采用

在城市进行地下工程施工，常会遇到含水量较高的软弱地层。小导管超前注浆法、长管棚法、化学浆液法可以用来加固土体，但是在饱和状态的自稳能力极差的流砂状的粉细砂层里，上述方法难以奏效。另外，在浅地层中埋设有光缆、电缆或无法拆移的管线的情况下，不可能由地面钻孔注浆，也必须采取另外的方法。冻结后的土体强度高、阻水效果好、与化学浆液加固法相比对环境没有污染，这使得冻结法（特别是水平冻结法）得到首选。它没有在基本不改动原设计的情况下，随时采用，而在地层状况好转时，迅速恢复常规施工。在××地铁××区间穿过含水粉细砂地层和上海××盾构法隧道的施工过程中就分别成功地应用了水平冻结和地面钻孔冻结两种方法，取得了良好的效果。

3. 在有特殊要求的深基坑或桥基施工中采用

在地下水位较高的情况下开挖深基坑，在流速很小的北方河流中修建桥墩，冻结法对地层中的加固和阻水效果明显优于其他方法。它不必浇筑大量的护壁桩，也不用在地层中钻设大量的土体锚索或锚杆，对环境的改变和影响很小。相比之下，费用往往可以明显降低。因此也得到业主、设计和施工单位的欢迎。北京方庄地下立体停车库深达30m的基坑的加固和稳定就是很好的例证。

二、烧结法

烧结法（也叫热加固法）是通过渗入压缩的热空气和燃烧物，并依靠热传导，而将细颗粒土加热到适当温度（100℃以上），从而增加土的强度，压缩性也随之降低。适用于非饱和黏性土、粉土和湿陷性黄土。

（一）烧结法分类

加固方法为密闭式和开口式两种。

（1）密闭式。就是在密闭的钻孔中，把经过加热的高温空气以一定的压力作用，使之通过钻孔穿过土的孔隙而加热土体的方法，以此达到烧结加固土体的目的。每个孔的加固范围，如以孔中心为圆心，半径可达0.5～1.25m。但如果延长烧结时间，烧结半径还可以增大，加固深度可达15m左右。

（2）开口式。有两种方法，一种是把两个钻孔的下端互相连接，在一个上端设置燃烧装置，从另一个孔进行排气的方法；另一种是一个孔的一端设置燃烧装置，另一端进行排气或在另一端插入类似烟囱管的排气通道的方法。这一方法适用于透气性较差的黏土或高含水量的土中。但是热效率较低，与密闭式热加固相比，用同样的燃料及燃烧时间，烧结土体的范围较小。

（二）烧结法的优缺点

1. 优点

烧结法由于烧结及土中水分的大量蒸发，可以大大提高土体的强度，地基承载力也明显提高。特别是黄土地区的热加固，在烧结区的黄土性质改变、湿陷性消除。加固中及加固后不产生附加沉陷，地基可保持稳定状态。在加固过程中一般不影响建筑物的使用，铁路路基的加固可不影响行车。

2. 缺点

烧结法在使用过程中需要的设备、仪表较多，操作配合上有一定的难度，施工工艺也比较复杂，同时还有能源消耗等经济环境问题。

（三）适用范围

根据几年来的试验及施工实践，认为在下列情况下不宜使用本方法：

（1）在地下水位以下的土体加固不能用热加固法。因为热能只会消耗在蒸发源源不断的地下水上，而不能使土体烧结。即使在离地下水面以上 1m 左右地方烧结，因水的毛细管上升高度的影响，其效果也是较差的。

（2）如果烧结孔在杂填土层或者松散的填土层中，热量会从这些土层中大量散失，达不到烧结目的。即使在距烧结孔 1m 内有上述土层也将会大大影响烧结效果。如遇到墓穴、坑道、地道等问题坑，应先处理问题坑，然后视其必要性再考虑是否在该处进行烧结。

（四）加固原理

烧结法是在待处理的地基土层中设置钻孔，使用明火或热空气为热源，在钻孔中进行长时间的焙烧使孔壁烧结，使周围土层脱水。同时地基土层加热到 600～1000℃，使土体发生根本的不可逆反应，形成类似黏土砖那样的整体，从而提高地基的承载力。

（五）施工设备和工艺

无论是密闭式烧结或开口式烧结，燃料、供风、测温三大系统是缺一不可的。烧结工艺主要是使三者紧密配合在孔中保持一定的高温，并要持续一段时间，才能达到烧结加固的目的。

（六）关于土体烧结的热能（即燃料问题）

在国外进行土体热加固用的燃料主要是柴油，我国主要用液化石油气，在有条件的地方如天津铁厂用的是该厂生产的焦炉煤气，价格较低。液化石油气当前较紧缺，且价格高。在运输、保管使用时安全措施要求高。因此，用煤这一廉价、丰富的能源作燃料进行土体烧结加固具有特殊的意义，这方面的试验研究也取得了初步的成果，如果用于工程实践将会大大降低加固成本。

（七）遇到的主要技术问题

（1）在一定的烧结温度及恒温时间条件下，烧结土的强度随密度的增加而增加。

（2）一般说来烧结土的强度随烧结温度的增加而增加，但不能超过土的熔点。

（3）烧结土的强度与恒温时间的长短也有很大关系，一般恒温时间长的强度高，但也不是说烧的时间越长越好，这样会造成浪费。根据设计、计算的燃料及烧结时间、温度达到目的时即可停止烧结。

（4）黄土湿陷性消除的温度为 500℃；膨胀土烧至 600～700℃时自由膨胀率可降低至15%～20%左右。在上述温度下加热、烧结后的土体，抗水能力强，浸水后一般不会崩解破坏。

（5）烧结孔单孔荷载试验承载力大于 0.45MPa，取样做抗压强度试验可达 0.2～5.8MPa，室内烧结试件抗压强度最高达 10.7MPa。

（6）单孔烧结范围一般半径为 0.5～1.25m。

（7）密闭式热加固要求钻孔、燃烧室，压盖、燃烧器等要尽量密封，这对保证加固质量至关重要。但在透气性极差的土中不宜用密闭式烧结。

（8）为保证热加固施工的安全进行、确保施工质量，必须对所有参加工作的人员进行有关的安全技术教育，未经培训的人员不能上岗工作。

（八）案例分析

1. 工程地质概况

该工点附近出露有上三迭系（T3）地层，地处××河北翼，并且有断层通过。岩层因受挤压，多张力节理。上三迭系岩层为灰绿色砂页岩互层，夹黑褐色页岩或炭质页岩，极易风化。黄土堆积层覆盖在三迭系地层之上，厚度从几米至几十米不等，为湿陷性黄土。

2. 工点病害简述

梅七线梅前段于 1969 年 10 月开始修建，至 1984 年 1 月 1 日交付运营。K41+228～+253 这段路堤是由相邻路堑开挖出的黄土状亚黏土及附近山前土上坡取黄土填筑而成的。路堤最高处为 19.4m，并设置有 1～6.0m 混凝土拱涵，该涵与线路法线斜交角为 10º。路堤基底为 T3 基岩。

该段路堤长期下沉，以石碴起道维持行车，因道碴太厚，路肩太窄又做了干砌片石挡碴墙作路肩，其结果是增加了路堤及其边坡的荷载，反而加快了下沉速度。1988 年 8 月 14 日该地区降大雨，在雨中左侧边坡发生坍滑，干砌片石路肩下错约 3m，使轨枕一端悬空，严重危及行车安全，现场抢险临时堆码草袋土，高 3m，宽约 1.2m，长 20m，以维持列车慢行。

3. 病害原因分析

由于修建施工时夯填密度欠佳，运营后在列车动荷载的作用下产生下沉，形成道碴陷槽。大气降水沿石碴缝进入陷槽中形成积水，浸泡软化基床，又促使道碴继续下陷，路基严重变形，边坡外鼓。陷槽积水后，水又不断向边坡渗透，使边坡土体强度降低，形成软弱面，引起边坡坍滑，路肩错落。

4.设计

经勘探了解该地区的有关工程地质情况后，根据病因分析结果进行整治工程设计。

（1）经用触探仪在三个断面上探测结果，道碴陷槽深度在路基面以下 1～1.2m。因路基下沉，道碴层较厚，所以道碴陷槽底最深处距钢轨面 2.3m。在此附近的路基填土含水量已高达 25%～26%。

（2）分别在 K41+232、K41+236、K41+241、K41+246 等四个断面上陷槽底部以下约 30cm 的地方设烧结孔四个，并要求穿过路堤，有 3%～5%的排水坡度，待施工完后孔内充填渗水料作路基泄水孔（图 6-3）。

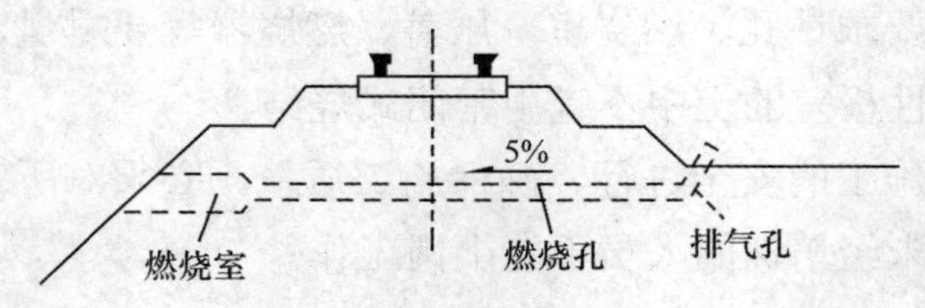

图 6-3　路基热加固示意图

（3）设计烧结体半径为 0.4～0.5m。影响半径为 1.2～1.5m（烘干区及蒸发区）。其土中含水量将会有较大幅度的降低。

（4）根据室内烧结试验结果，孔内烧结温度宜控制在 600～900℃之间。烧结时间及燃料量，均按烧结土体的有关参数及烧结土体大小而计算得出，每孔需液化石油气 420kg，烧结时间为 11.6 天。

（5）孔内燃烧助燃空气量的设计，则根据消耗燃料总量、烧结时间及烧结控制温度而定，相应地可选择适当的供风设备。

5. 施工

（1）进行热加固工程前必要的准备工作。在设计位置按要求打好烧结孔。在较低的一端安装燃烧室，另一端安上排气管，以便排除废气及水蒸气。燃烧室则必须使用耐火材料。在孔中的燃烧室出口处插入测温度的热电隅。并用补偿导线与测温仪表相连。

燃料及通风助燃系统的配套安装，主要考虑保证孔内的正常燃烧需要，同时必须严加注意使用中的安全性。

（2）热加固的实施。点火后配好风量及燃气量，使其在燃烧室内进行正常燃烧。随时监视、记录孔内温度，使其控制在设计温度 600～900℃的范围内。如发现温度过高或过低时，应立即调整风量及燃气量，将其保持在上述温度范围内。因为温度过低不能保证烧结质量，甚至会灭火；温度过高则会将孔内土烧熔化阻塞烧结孔，使烧结无法继续进行，甚至造成报废。

梅七线 K41+241 工点于 1988 年 11 月 27 日点火试烧，11 月 28 日起正式开始进行烧结加固。12 月 9 日停火完成烧结，共计 11 天零 15 小时，与设计烧结时间基本相符。

（3）附属工程的施工。在路堤内进行烧结加固前，先将原边坡坍滑土体清除，用素土帮坡恢复路堤边坡，然后用石灰土桩加固好边坡。

（4）烧结孔内填砂作为泄水孔，以利于路基排水。

6. 烧结加固效果

（1）热加固土体在开始两三天是孔内及孔附近土中水分大量蒸发的时期，所以温度不可能太高。之后，在烧结期间孔内均可保持在设计要求的 600～900℃范围内（参见各烧结孔内日平均温度统计表）。

根据室内试验结果看，黄土试件在 500～900℃温度恒温 2 小时加热后，其强度可达 0.7～4.5MPa；浸水 24 小时抗压强度为 0.2～3.3MPa。从表 6-2 中可看出，各孔温度在 500～900℃的时间已达 200 小时左右。

表 6-2　　烧结孔内日平均温度

时间＼孔号	1 号	2 号	3 号	4 号
11 月 28 日	427	468	289	154
11 月 29 日	496	526	461	473
11 月 30 日	530	671	544	533
12 月 1 日	626	758	664	670
12 月 2 日	725	768	720	770
12 月 3 日	830	780	830	818
12 月 4 日	800	850	846	790
12 月 5 日	810	840	820	840
12 月 6 日	890	860	870	830
12 月 7 日	870	880	860	890
12 月 8 日	800	860	860	840

注：1988 年 11 月 28 日 8:00 点火；12 月 8 日 23:00 停火。

（2）热加固后，分别在 1 号孔周围距孔中心不同距离取样，做抗压强度试验及烧后含水量的试验，其结果见表 6-3。图 6-4 所示为烧结区以烧结孔为中心烧结半径为 0.5m，烧结体强度达 4.6MPa。烘干区为半烧结状态，其强度为 2.5MPa。从表中也很明显地看出原基床内的高含水量、低强度区，其含水量有大幅度的降低，强度提高。从加固后的颜色看烧结区为砖红色，烘干区为浅砖红色，蒸发区为浅黄色。但这些分带不是很明显，只是过渡变化关系。

表 6-3　　　　1 号孔外围取样含水量、抗压强度试验值

取样位置左侧轨下距孔中心（m）	烧结前含水量 w（%）	烧结后含水量 w（%）	烧结后抗压强度（MPa）
0.5	25.79	1.13	4.6
1.0	25.48	3.88	2.5
2.5	26.34	11.44	0.8

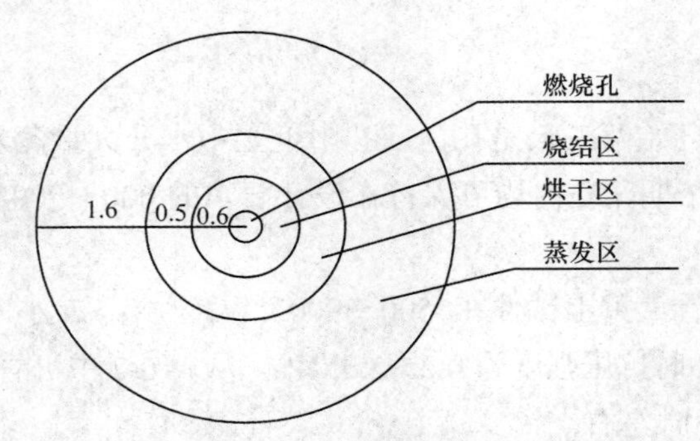

图 6-4　1 号孔外围烧后分区示意图

（3）该工点烧结加固施工结束后，于 1988 年 12 月 16 日经梅家坪工务段验收，评为质量优良工程。经近五年来的运营考验，线路稳定，维修工作量大大减少。

7. 总结

（1）用烧结方法强化土体进行铁路路基加固在我国尚属首次尝试。在热加固过程中路基中长期存留的不易排除的水分大量以蒸发形式排出，在烧结孔周围形成 了强度较高的烧结区，根本上改变了湿陷性黄土的性质，从而控制住了路基下沉，取得了较好的效果。实践证明了土体热加固方法也可以用于整治路基基床病害。

（2）用热加固方法整治铁路路基病害，最突出的优点是，施工在路基两侧进行，不需侵入限界，列车照常运行，不影响施工段的运输生产。

（3）施工较方便，使用劳力少，劳动强度低，一般不用其他建筑材料。所以大大地减少了通常使用的土石方工程及其大量的运输费用。

（4）热加固整治路基病害，是一项技术性较强的工作，如机械仪表的操作使用、施工工艺的密切配合，燃料的安全使用管理等都要有一套行之有效的规章规程，才能保证施工的顺利进行以达到预期的目的。

（九）改进方案

电热丝作为发热体，已广泛运用到日常生活中，像电熨斗，电暖炉等。同样，也可以把电热丝的发热原理运用到湿陷性黄土热加固技术的工程处理中，以取代原始的火力热源，用以改进传统热加固法存在的不足。

1. 加固原理

（1）传统热加固法。传统热加固法是在欲处理的地基土层中设置钻孔，以明火或热空气为热源，在钻孔中进行长时间的焙烧使孔壁烧结，使周围土层脱水。即将地基土层加热到600～900℃，使土层结构发生根本的不可逆转化，从而消除黄土地基的湿陷性并提高它的承载力。

（2）电热丝热加固法。电热丝热加固法是在原热加固法的基础上，把焙烧的热源由原来的明火或热空气改为电热丝发热。在欲处理的地基钻孔中放入一定功率的电热丝，在通电后使其发热，通过空气和土颗粒之间的热传递效应，使土体脱水并发生不可逆的结构变化，以达到消除黄土湿陷性的目的。

2. 工程设计

（1）孔距。焙烧孔的距离根据单孔焙烧土桩的平均直径来确定，应等于或稍大于焙烧土桩的直径，通常为2～3m。

（2）钻孔的平面布置。焙烧孔的平面布置应根据基础的平面轮廓和荷载的分布情况来确定。如荷载均匀分布时，可将钻孔布置成棋盘格状或梅花状，如图6-5所示。

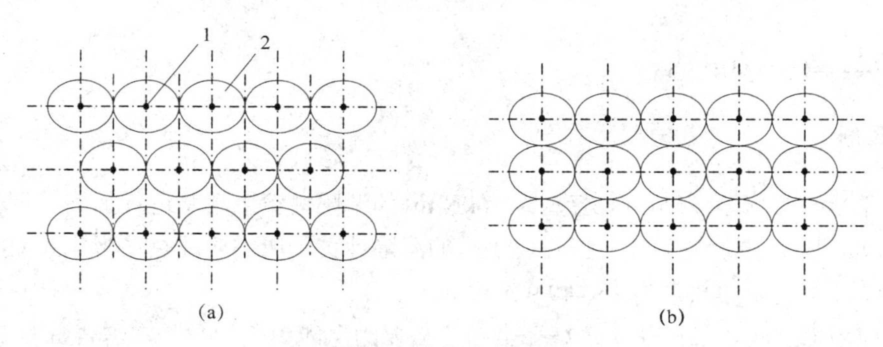

图6-5　焙烧孔布置图

1—钻孔；2—加固范围

（a）梅花状　　（b）棋盘格式

（3）焙烧热量计算。处理$1m^3$湿陷性黄土所需要的热量为：

$$Q = Q_s + Q_w = W_s C_s (T_f - T_i) + W_w \left[C_w (T_w - T_i) + L_v \right] \tag{6-1}$$

式中　Q——处理$1m^3$湿陷性黄土所需要的热量（kcal）；

Q_s——加热土体骨架所需要的热量（kcal）；

Q_w——蒸发土体中的水分所需的热量（kcal）；

W_s——每$1m^3$土体中土粒骨架重（kg）；

C_s——土粒骨架的比热，0.19kcal/（kg·℃）；

T_f——土体的平均焙烧温度，600～700℃；

T_i——土体焙烧前的平均温度，5~10℃；

W_w——每 1m³ 土体中水重（kg）；

C_w——水的比热，1.0kcal/（kg·℃）；

T_w——水的沸腾温度（100℃）；

L_v——水的汽化热，540 kcal/kg。

焙烧一个钻孔需要的热量 $Q_{总}$：

$$Q_{总}=QV=Q\pi r^2h \tag{6-2}$$

式中 Q——处理 1m³ 湿陷性黄土所需要的热量（J）；

V——焙烧一个钻孔所加固的土体体积（m³）；

r——焙烧半径（m）；

h——焙烧深度（m）。

焙烧一个钻孔所需要的时间：

$$t=\frac{Q_{总}r}{U^2}=\frac{2Q_{总}Ph}{U^2} \tag{6-3}$$

式中 $Q_{总}$——需要的总热量（J）；

r——电热丝的电阻（Ω）；

U——电源电压（V）；

P——电热丝的电阻率（Ω·m）；

h——焙烧深度（m）。

3. 算例

欲对厚 8m，含水量为 40%，容重为 16kN/m³ 的湿陷性黄土地基进行加固（要求焙烧半径达 1.2m）。由式（1）、式（2）得焙烧 1m³ 的湿陷性黄土所需要的热量为 426 898 kcal。焙烧一个钻孔所需要的热量为 15 449 928 kcal。

（1）使用电热丝热加固法。焙烧一个钻孔需要的电能为 17 948°，需要资金 11 863 元[非普工业用电的单价为 0.661 元/（kW·h）]，耗时 12.2 天。

（2）使用传统热加固法，用柴油作燃料。焙烧一个钻孔需要的燃料为 3090 kg，需要资金 15 450 元，耗时 32 天。

由上看出，电热丝热加固法在资金和时间上比原有的热加固有明显的优势。

4. 改良后的优点

（1）加固深度。原始工艺中，将燃烧火焰向下延伸是通过增加燃气射流速度、降低燃气浓度、延缓着火时间实现的。在这种情况下，火焰长度缩短，温度降低。致使最大允许加固深度一般在 15m 左右。改用电热丝作热源，可按实际需要增加电热丝的下延长度，不受外界条件的限制，可理想地处理较大的深度。

（2）规范加固区形状。原始工艺中，随钻孔深度的加深，孔壁土层的含水量增加，因蒸发水分而耗散大量热量，致使火焰温度降低，从而加固区形成圆锥体，加固区形状不理想。

针对这一问题，可随着孔深的加深，增加电热丝的数量，或者增大电热丝的横截面积，以达到保持孔的上下不同深度都能保持恒温的目的。

（3）提高运作功效。原程序还规定，只有在整个钻孔焙烧加固工作完成之后才能封孔。这样，由下而上分段加固厚层黄土地基时，大量的气体会从下面已经焙烧的土层中逸走，使热效率差。运用电热丝可以实现整个孔区，甚至整个工作场区同时加热。所有土体在同一时间完成，既可减少热量耗散，又可缩短工程时间。

（4）增强安全性能。原始工艺用人工明火点燃混合气（雾化的液体燃料与空气的混合）可能炸伤或烧伤工人。用电热丝加热，只需要在电热丝的外围包裹耐高温的绝缘材料，保证电不外泄即可。

在湿陷性黄土原有的热加固技术的基础上，将发热源改为生活中最为广泛采用的电热丝，从理论上弥补其原有技术的不足。同时电这种能源运用起来灵活、安全、环保，很值得采用。但该项技术有待实际工程的应用，其存在问题也尚待研究。

第七章　加 筋 法

07

一、概述

1. 加筋法概念及分类

加筋法是指在软弱土层中沉入碎石桩（或砂桩、树根桩等），或在人工填土的路堤或挡墙内铺设土工织物（或钢带、钢条、尼龙绳等）作为筋材，使这种人工复合的土体可以承担抗拉、抗压、抗弯及抗剪作用，以提高地基承载力、减少沉降和增加地基的稳定性。加筋法在工程中包括很多种，本章主要介绍土工合成材料、加筋土、土层锚杆、土钉、树根桩法。

2. 加筋法的原理

土的抗拉能力低，甚至为零，其抗剪强度也有限。若在土体中放置筋材，构成土-筋材复合体，当外力作用时，复合体将会产生体变，引起筋材与其周围土体之间的相对位移趋势。但两种材料界面上有摩阻力（或咬合力），限制了土的侧向位移，等效于给土体施加了一个侧压力增量，使土的强度和承载力均有提高。

加筋的作用机理包括侧压力增量理论、表观黏聚力理论和抗剪强度理论。

二、土工合成材料

（一）概述

土工合成材料是一种新型的岩土工程材料。它以人工合成的聚合物，制成各种类型的产品，置于土体内部、表面或各层土体之间，发挥加强或保护土体的作用（图 7-1）。

土工材料是工业发展的产物，其出现已经有 100 多年的历史，但应用于土建工程则是 20 世纪 30 年代末才开始的。首先是将塑料薄膜作为防渗材料应用于水利工程。到 20 世纪 50 年代末，土工织物开始应用于海岸护坡工程。直到 20 世纪 70 年代末，随着非织造型织物（俗称无纺织物或无纺布）的应用，给土工织物带来了新的生命，土工织物才以很快的速度发展起来，从而在岩土工程学科中形成一个重要的分支。1977 年在法国巴黎举行的第一届国际土

图 7-1 土工合成材料

工织物会议上，J.P.Giroud 把它命名为“土工织物”，并于 1986 年在维也纳召开的第三届国际土工织物会议上将它称之为“岩土工程的一场革命”。20 世纪 60 年代中期～20 世纪 70 年代末，我国开始将有纺织物应用于河道、涵闸及防治路基翻浆冒泥等工程；20 世纪 80 年代初，无纺织物开始在铁路工程上试用；20 世纪 80 年代中期，土工织物才在我国的水利、铁路、公路、军工、港口、建筑、矿冶和电力等领域逐渐推广应用。

适用范围：适用于砂土、黏性土和软土，或用作反滤、排水和隔离材料。

（二）土工合成材料的分类

依照国家标准《土工合成材料应用技术规范》（GB 50290—1998）中，土工合成材料可划分为土工织物、土工膜、特种土工合成材料和复合型土工合成材料。

（1）土工织物。土工合成材料是以高分子聚合物等制成的新型建筑材料。目前大致可分为：

1）有纺土工织物；

2）针织土工织物；

3）无纺土工织物；

4）复合土工织物。

（2）土工膜。土工膜主要是由透水性低的聚合物、沥青以及合成纤维和织物，另加一定的填充料和外加剂制成的材料。它具有很好的防渗和防水性能及很强的抗变形能力和耐久性。它的厚度一般为 0.25～7.5mm，它主要有以下优点：

1）改进荷载分布状况；

2）减少填料层厚度，并能满足抗剪强度的要求；

3）限制土体的侧向位移；

4）抗拉性能高，能避免产生裂缝；

5）增加土层刚度。

（3）复合型土工合成材料。复合型土工合成材料包括土工格栅、土工网、超轻型土工合成材料、土工膜袋、土工垫、土工格室等。常用的特种土工合成材料为前三种。

（4）特种土工合成材料。特种土工合成材料由土工织物、土工薄膜和某些特种土工合成材料中两种或两种以上的材料互相组合而成，它可将不同构成材料的性质结合起来，满足具体工程的需要。

（三）土工合成材料的作用

土工合成材料在工程上的应用，主要表现在隔离作用、防护作用、滤层作用、排水作用、加筋作用、防渗作用等六个方面。

1. 隔离作用

将土工合成材料放在两种不同的材料之间或同一材料不同粒径之间以及土体表面与上部建筑结构之间，使其隔离开来。当受外部荷载作用时，虽然材料受力相互挤压，但由于土工合成材料在中间隔开，不使其互相混杂或流失，保持材料的整体结构和功能。

土工合成材料隔离作用已广泛应用于铁路、公路路基、土石坝工程、软土基础处理以及河道整治工程。

2. 防护作用

土工合成材料可以起到分散应力的作用，也可由一种物体传递到另一物体，使应力分解，防止土体受外力作用破坏，从而起到对材料的防护作用。土工合成材料的防护作用分两种情况：

（1）表面防护，即将土工合成材料放置于土体表面，保护土体不受外力影响、破坏；

（2）内部接触面保护，即将土工合成材料置于两种材料之间，当一种材料受集中应力作用时，不至于使另一种材料破坏。

3. 滤层作用

滤层作用是土工织物的主要功能，被广泛地应用于水利、铁路、公路、建筑等各项工程中，特别是在水利工程中用作堤、坝基础或边坡反滤层已极为普遍。在砂石料紧缺地区，用土工合成材料做反滤层，更显示出它的优越性。因此通过把土工织物置于土体表面或相邻土层之间，土中水分可以通过织物排出，同时织物可阻止土颗粒流失，以免造成土体失稳（管涌），可代替砂、砾石等反滤层。

4. 排水作用

土工合成材料是良好的透水材料，无论是材料法向或水平向均具有较好的排水能力，能够将土体内的水集聚到织物内部，形成排水通道，排出土体。土工合成材料现已广泛应用于土坝、路基、挡土墙建筑以及软土基排水固结等方面。它与工程中的其他排水结构充分配合，形成完善的排水体系，排除地下水、地表水和结构中的多余水分。

5. 加筋作用

土工合成材料有较高的抗拉强度，将土工合成材料埋在土体中或路面结构适当位置，可以分布土体或路面结构应力、传递拉应力、限制其侧向位移，增强它与土体或路结构层材料之间的摩阻力，使土或路面结构层——土工合成材料复合体的强度提高，从而约束土体或路面结构层的变形，并抑制或减少土体的不均匀沉降，提高土体或路面结构层的稳定性，具有加筋功能。

6. 防渗作用

土工膜和复合型土工合成材料，可以作为各种工程的防渗材料。土工合成材料用于某一项工程会发挥主次作用，如公路的碎石基层与地基之间铺放织物，一般说，“隔离”是主要的，“滤层”和“加筋”是次要的，“排水”是不甚重要的，设计者应综合考虑。如选用光滑的土工膜来隔离，则可能引起路基中孔隙水压力升高，造成路基失稳。弱地基上修路，“加筋”可能起控制作用。

（四）土工合成材料的设计计算

实际工程中，根据不同工程应用的对象，综合考虑对土工聚合物作用的要求。

1. 作为反滤层时的设计

为了让所选用的土工织物能长期发挥反滤作用，对织物应该提出一定的要求。正像以往采用粒状土料（砂砾料）作反滤层时那样，应使土料粒径符合一定的准则。

（1）对用作反滤的土工织物的基本要求：被保护的土料在水流作用下，土粒不得被水流带走，即需要有“保土性”，以防止管涌破坏。

（2）水流必须能顺畅通过织物平面，即需要有“透水性”，以防止积水产生过高的渗透压力。

（3）织物孔径不能被水流挟带的土粒所阻塞，即要有“防堵性”，以避免反滤作用失效。

土工聚合物作为滤层设计时的两个主要因素是土工聚合物的有效孔径和透水性能，在土工聚合物作为滤层设计时，目前尚未有统一的设计标准。按符合一定标准和级配的砂砾料构成的传统反滤层，目前广泛采用的滤料要求如下：

防止管涌

$$D_{15f}<5D_{85b} \tag{7-1}$$

保证透水性

$$D_{15f}>D_{15b} \tag{7-2}$$

保证均匀性

$$D_{50f}<25D_{50b}\text{（对级配不良的滤层）} \tag{7-3}$$

或

$$D_{50f}<D_{50b}\text{（对级配均匀的滤层）} \tag{7-4}$$

式中 D_{15f}——相应于颗粒粒径分布曲线上百分数 p 为 15%时的颗粒粒径（mm），脚注 f 表示滤层土；

D_{85b}——相应于颗粒粒径分布曲线上百分数 p 为 85%时的颗粒粒径（mm），脚注 b 表示被保护土；

D_{50f}——相应于颗粒粒径分布曲线上百分数 p 为 50%时的颗粒粒径（mm），脚注 f 表示滤层土；

D_{50b}——相应于颗粒粒径分布曲线上百分数 p 为 50%时的颗粒粒径（mm），脚注 b 表示滤层土。

2. 作为加筋材料时的设计

（1）加固地基。在软土路基基底与填土之间铺设土工合成材料是工程中常用的浅层处理方法之一，且多层铺设，并在每层之间填加中砂、粗砂以增加摩擦力。由于土工合成材料的延伸率高，故可扩散上部荷载，提高原来地基的承载力，增加填土的稳定性。此外，铺设土工合成材料后施工机械行驶方便，还能起到排水作用，加速地基的固结与沉降。

在软土地基表面上铺设具有一定刚度和抗拉力的土工聚合物，再填筑粗颗粒土（砂土或砾土），作用荷载的正下方产生沉降，周边地基产生侧向变形和部分隆起。如图 7-2 所示。此时，土工合成材料与地基土之间的抗剪阻力能够相对约束地基的位移；作用在土工合成材料上的拉力也起支撑的作用。地基的极限承载力 P_u 计算如下：

$$P_u = Q_c' = \alpha c N_c + 2P\sin\theta + \beta \frac{p}{r} N_q \tag{7-5}$$

式中 α，β——基础的形状系数（一般取α=1.01β=0.5）；

c——土的黏聚力（kPa）；

N_c、N_q——与内摩擦角有关的承载力系数（一般 N_c=5.3、N_q=1.4）；

p——土工聚合物的抗拉强度（N/m）；

θ——基础边缘土工聚合物的倾斜角（一般为 10°～17°）；

r——假想圆的半径（一般取 3m，或软土层厚度的 1/2，但不能大于 5m）。

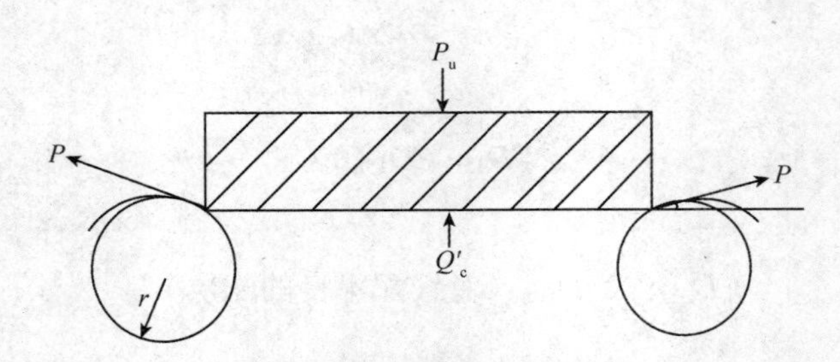

图 7-2 土工合成材料加固地基的承载力计算假设简图

（2）加固路堤。土工聚合物用于增加填土稳定性时，铺垫的方式有两种：一是铺设在路基底与填土间；另一种是在堤身内填土层间铺设。分析一般采用荷兰法和瑞典法两种方法。

1）荷兰法的计算模型。计算采用不铺土工聚合物垫层时的常用圆弧滑动法。加铺土工聚合物垫层后，聚合物变形时发挥的拉力 S 将提供一个抗滑力矩增量 ΔM_{r}，它起着提高稳定安全系数的作用。假定土工聚合物在和滑弧切割处形成一个与沿弧相适应的扭曲，且土工聚合物的抗拉强度 S（每米宽）可认为是直接切于滑弧（图 7-3）。绕滑动圆心的力矩，其臂长即等于滑弧半径 R，此时抗滑稳定安全系数 K 为

$$K=\frac{M_{\mathrm{r}}+\Delta M_{\mathrm{r}}}{M_0}=\frac{\sum\left(c_i l_i+W_i\cos\alpha_i\tan\varphi_i\right)+S}{\sum W_i\sin\alpha_i} \tag{7-6}$$

式中　M_{r}——由土的抗剪强度产生的抗滑力矩；

ΔM_{r}——由土工聚合物拉力提供的附加抗滑力矩，$\Delta M_{\mathrm{r}}=SR$（R 为滑动圆半径）；

M_0——由土条引起的滑动力矩；

W_i——某一分条的重力（kN）；

l_i——某分条沿弧度（m）；

α_i——某分条与滑动面的倾斜角（°）；

c_i、φ_i——土的不排水黏聚力和内摩擦角（°）；

S——土工聚合物的抗拉强度。

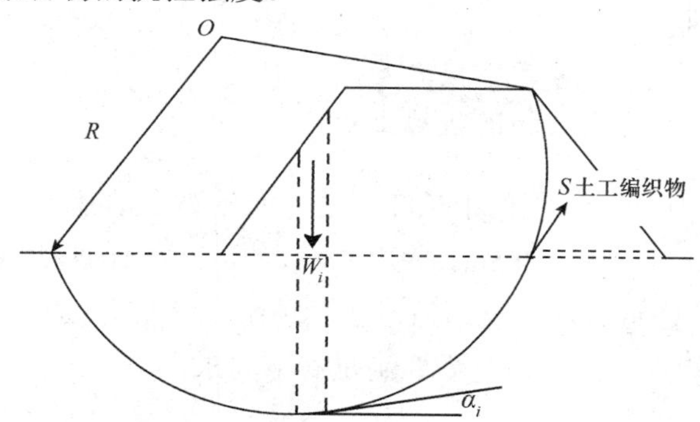

图 7-3　土工合成材料加固软土地基上路堤荷兰法稳定性分析

2）瑞典法计算模型。此种方法也是采用传统圆弧滑动法。假定滑动时，填土中产生的垂直裂缝贯穿全高。认为织物垫层中产生的拉力不仅直接提供抗滑力矩增量，还通过垂直裂缝中的摩阻力又增加抗滑力矩。计算时假设织物始终保持铺设时的水平位置。安全系数 K 按下列公式计算：

$$K=\frac{M_{\mathrm{r}}+\Delta M_{\mathrm{r}}}{M_0}=\frac{\sum\left(c_i l_i+w_i\cos\alpha_i\tan\varphi_i\right)+s\left(a+b\tan\varphi\right)}{\sum W_i\sin\alpha_i\cdot R} \tag{7-7}$$

式中　ΔM_{r}——土工聚合物拉力提供的附加抗滑力矩，$\Delta M_{\mathrm{r}}=S\cdot a+T\tan\varphi\cdot b=S\left(a+b\tan\varphi\right)$；

a，b——力臂，见图 7-4；

φ——填土的内摩擦角(°)；

R——滑动圆半径；

其他符号意义和荷兰法当中的意义相同。

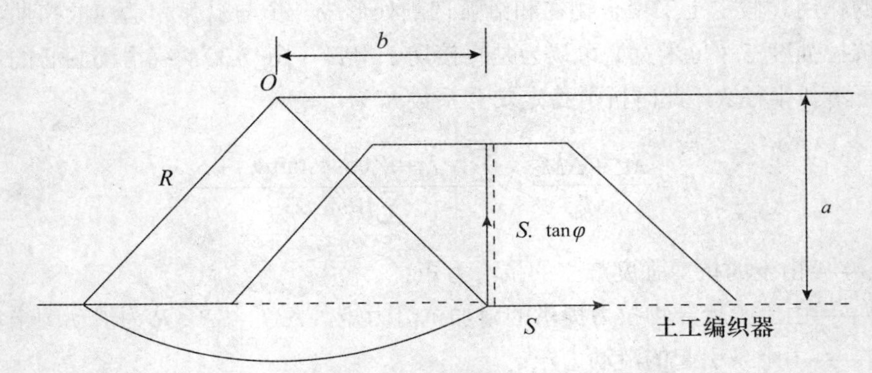

图 7-4　土工聚合物加固软土地基上路堤的瑞典法稳定分析

采用以上两种方法验算时，都需要针对不同圆心和不同半径，进行多次重复计算，直至求得最小安全系数 $K_{\min}$，且该值不小于要求的数值，否则要采用更高强度的织物，或多层织物。

（五）工程实例

1. 土工合成材料加筋垫层加固某软土地基

（1）工程概况。某油罐工程位于长江岸边河滩软黏土地基上，采用浮顶式（钢制）储罐，容量为 $2\times10^4\text{m}^3$，内径 40.5m，高 15.8m，设计要求的环墙基础高度为 2.5m，并在原场地上填土 4m 后建造。油罐充水后，包括填土和基础荷载共计 288kN/m^2。

根据油罐工程的特点，油罐地基需要满足如下要求：

1）承受 288kN/m^2 的荷载。

2）油罐整体倾斜不大于 0.004～0.005m，周边沉降差不大于 0.0022m，中心与周边沉降差不大于 1/45～1/44m。

3）油罐的最终沉降不超过预留高度。

（2）场地土层简介。建筑场地主要地基土分布自上而下分别为：①表层土厚 0.30～0.50m；②黏土厚度 1.30～2.30m；③淤泥质黏土厚度 12～18m，其不排水抗剪强度 12～47kPa。

（3）地基处理设计与施工。经多种地基处理方案的比较分析后，采用土工合成材料加筋垫层和排水固结充水预压联合处理方案处理油罐下卧的软黏土地基，方案设计如图 7-5 和图 7-6 所示。

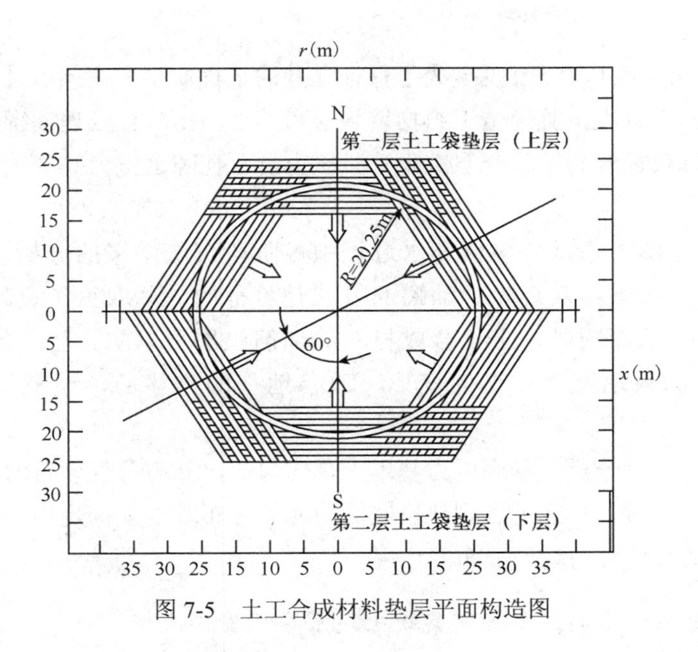

图 7-5 土工合成材料垫层平面构造图

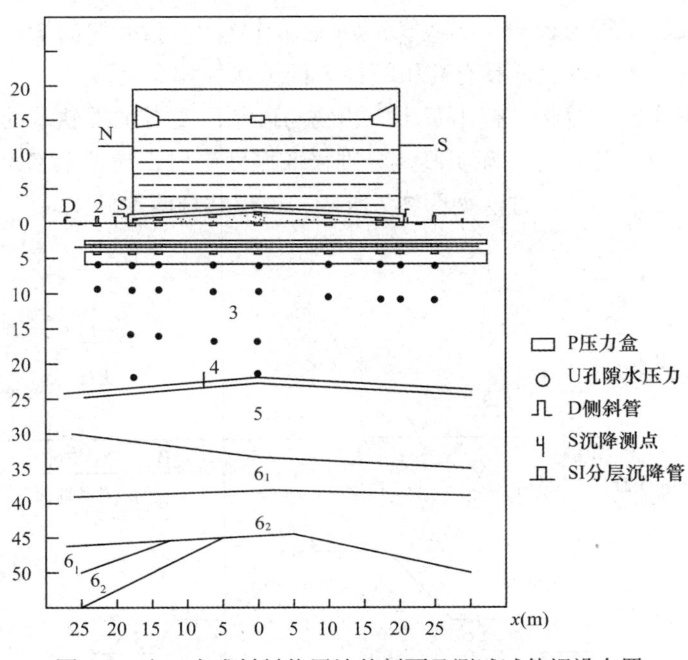

图 7-6 土工合成材料垫层地基剖面及测试试件埋设布置

利用 4m 厚的填土作为加筋垫层，筋材沿油罐基础底面水平方向布置。为了更好地发挥加筋的约束作用和垫层的刚度，设计了袋装碎石袋，并按 60° 交错铺设，形成一均匀分布的垫层。加筋垫层由两层碎石袋组成。第一层碎石袋层厚 0.9m，距基础底面 1.1m，宽度 50.5m；第二层碎石袋厚 0.9m，宽 54.5m，两层间距为 1.0m。根据国产土工编织物的特性，选用了聚丙烯纺织物，其抗拉强度为 500kN/m，延伸率为 38%，弹性模量

97090kPa。

（4）现场观测与地基处理效果。为了保证地基的工程质量和在预压过程中地基的安全稳定，正确指导施工过程，验证土工织物袋垫层和排水固结联合处理油罐工程软黏土地基的效果，埋设沉降仪、倾斜管、分层沉降管、压力盒及孔隙水压力等观测设备，以测量各种变量。

通过对填土、施工基础及多级充水过程中各阶段沉降结果的分析，采用土工合成材料加筋垫层和排水固结联合处理油罐的方法是可行的，并取得了良好效果，都满足油罐基础的设计要求。同时，土工合成材料的加筋垫层可以防止垫层的抗拉断裂，保证垫层均匀性，约束地基土的侧向变形，改善地基的位移场，调整地基的不均匀沉降等。

根据基底压力实测分析，基底压力基本上是均匀的，并与荷载分布的大小一致。荷载通过基础在垫层中扩散，扩散后达到垫层底面的应力分布基本上也是均匀的。说明加筋垫层起到了扩散应力和使应力均匀分布的作用。

2. 土工织物和砂垫层复合加固某软土地基应用案例分析

×××港防波堤工程为长464m的抛石堤，地基土为8～12m厚的淤泥，淤泥呈流塑态，天然含水量在80%～90%以上，具有高压缩性、低透水性和高灵敏度。

经过处理方案比较与分析，提出了土工织物与砂垫层复合加固软基的新方法。为便于对比，全长464m抛石堤地基分为3段，分别采取抛砂垫层、铺设土工织物、土工织物与砂垫层复合加固的方法，处理方法如图7-7所示。工程共分两期施工。

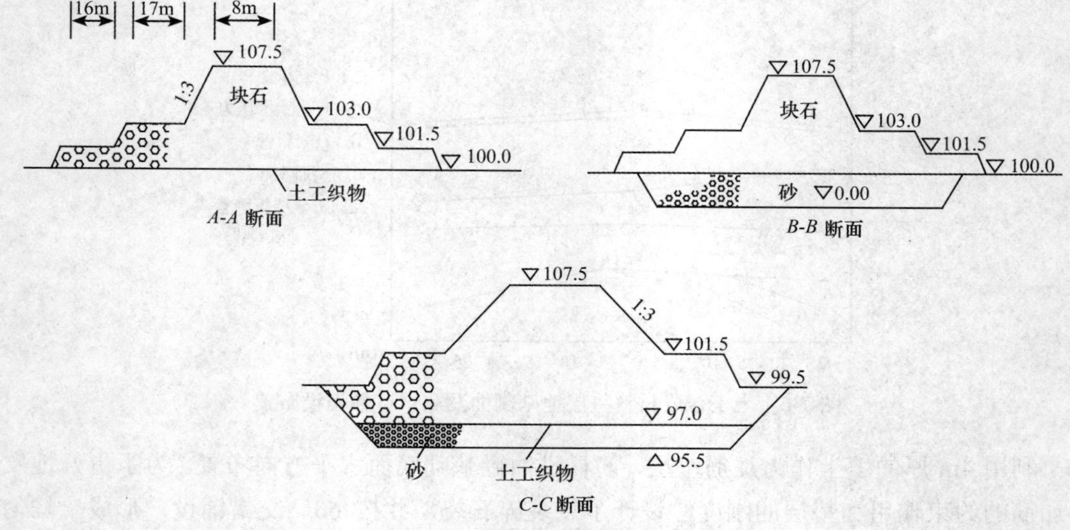

图7-7　三种处理方法及断面形式

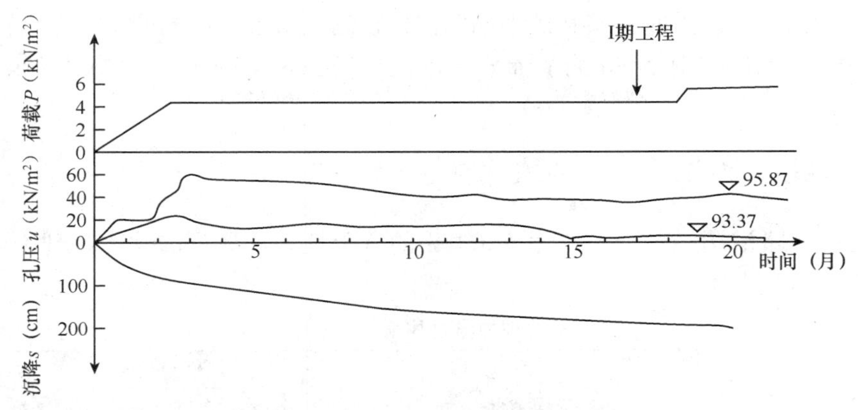

图 7-8　*A-A* 断面监测沉降及孔压监测结果

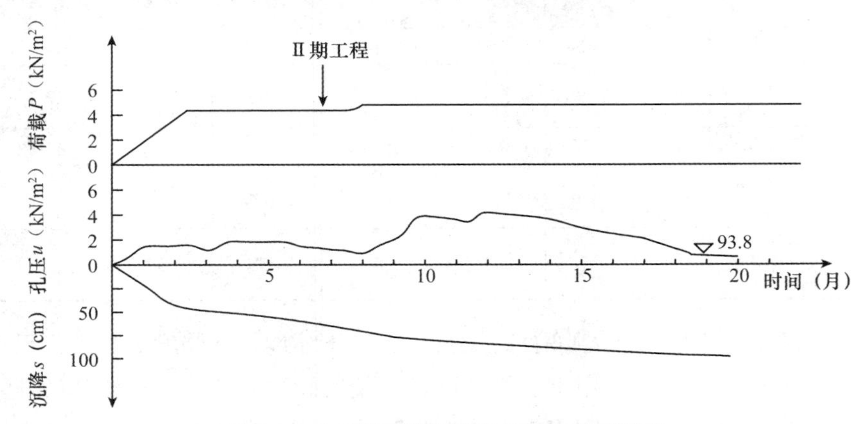

图 7-9　*C-C* 断面监测沉降及孔压监测结果

为检验和对比处理效果，进行了相应的沉降和孔隙水压力监测。图 7-8 和图 7-9 分别是 *A-A* 断面和 *C-C* 断面的堤顶沉降和孔隙水压力随时间的变化曲线。从图 7-8 和图 7-9 可以看出，当Ⅱ期工程开始时，*C-C* 断面沉降为 0.75m，而 *A-A* 断面已达 1.5m，说明用土工织物和砂垫层复合加固效果比仅用土工织物好。

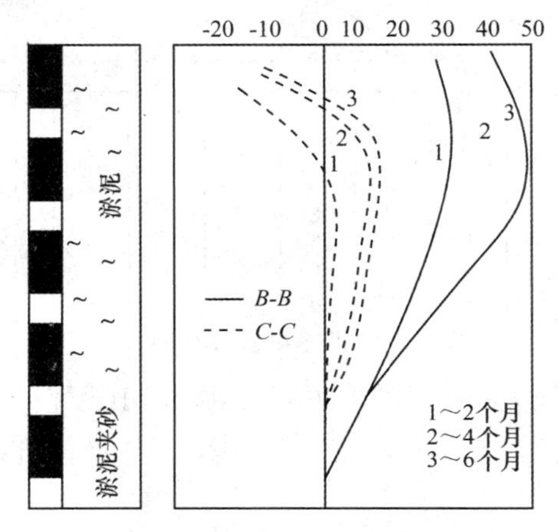

图 7-10　*B-B* 断面和 *C-C* 断面侧向位移监测结果

图 7-10 给出了 *B-B* 断面和 *C-C* 断面的侧向位移测试结果，由图可以看出，当 1 期工程开始时，*B-B* 断面侧向位移为 50mm，而 *C-C* 断面仅 15mm，可见土工织物对减少地基的侧向位移效果较好。

3. 土工格栅在某高速公路软基处理应用案例分析

××高速公路沿途经过全长约为 8.86km 的软土地区，典型的软土物理力学性质见表 7-1。

表 7-1　　　　软土的物理力学性质表

土层名称	分布里程	天然含水量（%）		孔隙比	液性指数	压缩系数（MPa^{-1}）	直接快剪		固结快剪	
							凝聚力（MPa^{-1}）	内摩擦角（°）	凝聚力（MPa^{-1}）	内摩擦角（°）
淤泥	K16+430～K18+775	范围值	55.4	1.464	2.22	1.14	2.5	1.8	2.4	2.5
		算术平均值	99.3	2.896	5.64	5.08	12.9	8.3	22.3	20.4
	厚度：4.00～19.2mm	均方差	11.64	0.36	0.76	0.97	1.97	1.52	4.91	4.05
		变异系数	0.15	0.16	0.23	0.33	0.28	0.32	0.37	0.50
		统计数	34	37	37	37	37	37	37	36

从表 7-1 可看出，软土具有触变性、流变性、高压缩性、低强度等特点，天然地基难以满足路基填土的要求，因此采用土工格栅砂垫层及袋装砂井技术进行软基处理，利用袋装砂井改善软土固结排水条件，利用土工格栅提高软土承载力和抗剪强度，调整填土荷载分布状况。土工格栅选用 SS20 双向土工格栅。设计断面如图 7-11 所示。

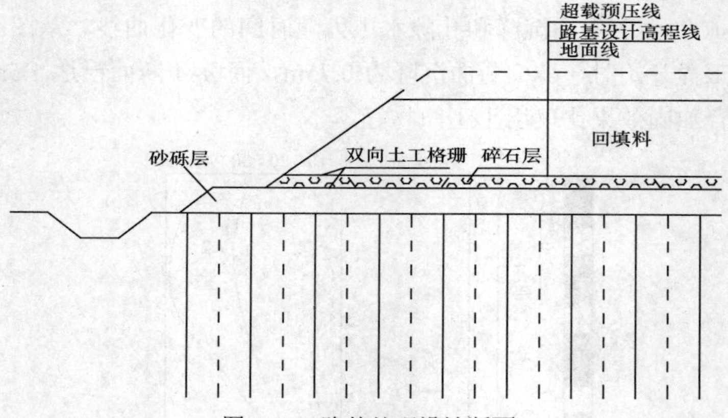

图 7-11　路基处理设计断面

处理结果表明，土工格栅处理技术填土压实效果好，填土速度快而未出现路基失稳现象。同时，土工格栅铺设简便快捷，整个工艺可操作性强，不需专门机具，总的特点：

（1）加载速度快；

（2）填土极限高度；

（3）路基沉降均匀稳定、变形小；

（4）工期缩短。

三、加筋土

（一）概述

把抗拉能力很强的拉筋埋置在土层中，通过土颗粒和拉筋之间的摩擦力形成一个整体，用以提高土体的稳定性。主要用于人工填土的路堤和挡墙结构。

加筋土挡墙是由填土和在填土中布置一定量的带状筋体（或拉筋）以及直立的墙面板三部分组成一个整体的复合结构。加筋土挡土墙是在土中加入拉筋，利用拉筋与土之间的摩擦作用，改善土体的变形条件和提高土体的工程特性，从而达到稳定土体的目的。

加筋土挡土墙按其断面外轮廓形式，一般分为路肩式、路堤式、双墙式和台阶式加筋土挡土墙。

适用范围：适用于人工填土的路堤和挡墙结构。

（二）加筋土挡墙优缺点

1. 加筋土挡墙的优点

（1）能够充分利用填料与拉筋的共同作用，所以挡土墙结构的质量轻，其所用混凝土的体积相当于重力式挡墙的3%～5%。

（2）加筋土挡墙由各种构件相互拼接而成，具有柔性结构的特点，有良好的变形协调能力，可以承受较大的地基变形，适宜在软黏土地基上使用。

（3）由于构件较轻，施工方便。除需要配备压实机械外，不需要配备其他机械，施工易掌握。

（4）墙面垂直，节省占地面积，减少土方量，施工迅速，质量易于控制，施工时无噪声。

（5）工程造价较低。加筋土挡墙面板薄，基础尺寸小。挡墙高度超过5m时，与重力式挡墙相比可降低造价20%～60%且墙越高经济效益越佳。

（6）加筋土挡墙复合结构的整体性较好，所以在地震波作用下，较其他类型的挡土结构稳定性强，具有良好的抗震性能。

2. 加筋土挡墙的缺点

（1）为获得足够的加筋区域以保证其稳定性，挡土墙背后需要充足的空间。

（2）在紫外线长期照射下，加筋钢材锈蚀、暴露的土工合成材料发生变质、老化等。

（3）超高加筋土挡墙的设计和施工经验不成熟，需要进一步完善。

（4）在8度以上地震地区和具有强烈腐蚀的环境中不宜使用加筋土挡土墙，浸水条件下也要慎用。

（三）加筋土挡墙破坏机理

加筋土挡墙的破坏分为外部稳定性和内部稳定性破坏。

1. 外部稳定性破坏

外部稳定性破坏一般是因为由拉筋、填料所组成的复合结构不能抵抗尾部填料所产生的土压力，从而引起加筋体水平滑动或倾覆、地基深层破坏及地基承载力破坏。

典型的外部稳定破坏形式如图 7-12 所示。

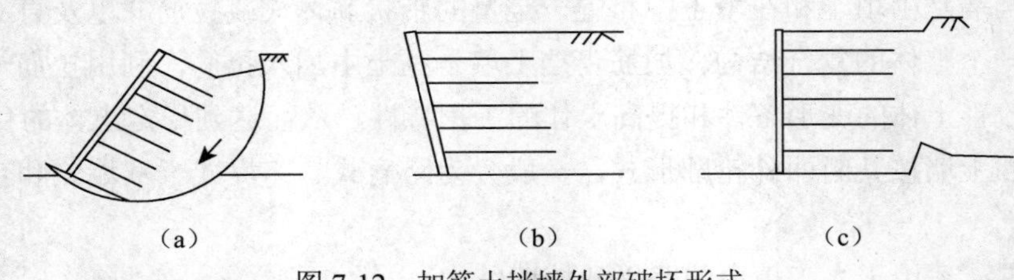

图 7-12　加筋土挡墙外部破坏形式

（a）滑动破坏；（b）倾覆破坏；（c）地基破坏

2. 内部稳定性破坏

内部稳定性取决于筋材的抗拉强度和填料与筋材间的最大摩擦力，它们是影响挡墙内部稳定的主要因素。

土压力的作用下，土体会产生一个破裂面和滑动棱体，在土中设置拉筋后，趋于滑动的棱体通过土与拉筋间的摩擦作用有将拉筋拔出的倾向。另外，滑动棱体后的土体则由于拉筋和土体的摩擦作用把拉筋锚固在土中，从而阻止拉筋被拔出。因而对于加筋土挡墙，易发生的内部破坏有加筋材料的拉断、拔出等形式。

（四）加筋土挡墙的设计计算

1. 内部稳定性计算

设计时，必须要考虑拉筋的强度和锚固长度（即拉筋的有效长度）。内部稳定性验算包括水平拉力和抗拔稳定性验算，并涉及筋材铺设的间距和长度等。参照《公路路基施工技术规范》（JTG F10—2006）中的计算方法。

（1）土压力系数 K_i。

加筋土挡墙土压力系数根据墙高的不同按不同的公式计算，如图 7-13 所示。

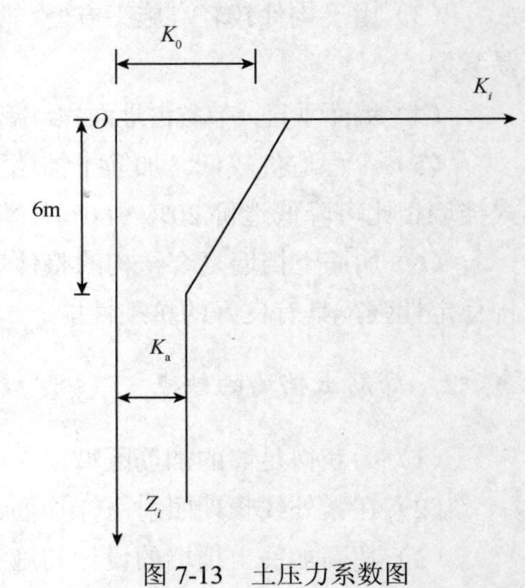

图 7-13　土压力系数图

当 $Z_i \leqslant 6$m 时
$$K_i = K_0\left(1-\frac{Z_i}{6}\right)+K_i\frac{Z_i}{6} \tag{7-8}$$

当 $Z_i > 6$m 时
$$K_i = K_a \tag{7-9}$$

式中　K_i——加筋土挡墙内 Z_i 深度处的土压力系数；

K_0——填土的静止土压力系数，$K_0=1-\sin\varphi$；

K_a——填土的主动土压力系数，$K_a=\tan^2$（45° $-\varphi/2$），φ为内摩擦角，按表 7-2 取值；

Z_i——第 i 单元结点到加筋土挡墙顶面的垂直距离（m）。

表 7-2　　填土的设计参数

填料类型	重度（kN/m²）	计算内摩擦角（°）	似摩擦系数
中低液限黏性土	18～21	25～40	0.25～0.40
砂性土	18～21	25	0.35～0.45
砾碎石类土	19～22	35～40	0.40～0.50

（2）土压力。加筋土挡墙类型不同计算方法也不同，以路肩式和路堤式挡墙计算简图，如图 7-14 所示。

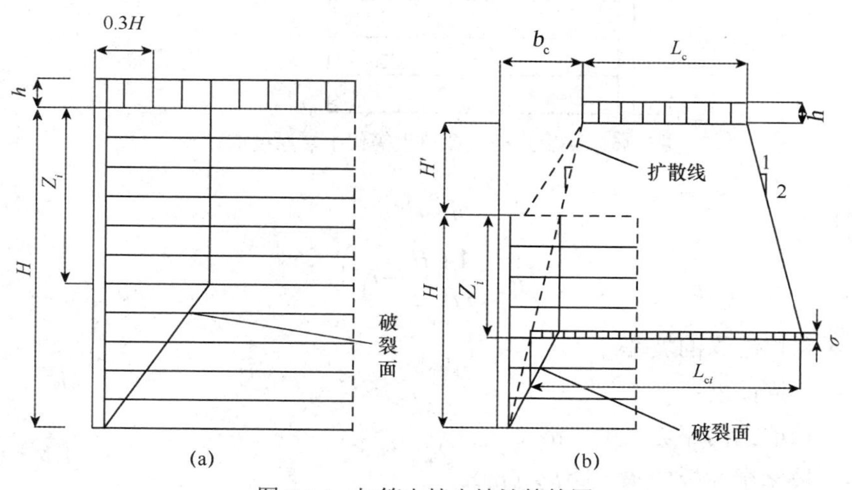

图 7-14　加筋土挡土墙计算简图

（a）路肩式挡土墙；（b）路堤式挡土墙

加筋土挡墙在自重和车辆荷载下，深度 Z_i 处的垂直应力σ_i为

路肩式
$$\sigma_i = \gamma_1 Z_i + \gamma_1 h \tag{7-10}$$

路堤式
$$\sigma_i = \gamma_1 Z_i + \gamma_2 h + \sigma_{ai} \tag{7-11}$$

$$h = \frac{\sum G}{BL_c\gamma_1} \tag{7-12}$$

式中 γ_1、γ_2——分别为挡墙内、挡墙上填土的重度，当填土处于地下水位以下时，前者取有效重度（kN/m^3）；

h——车辆荷载换算成的等效均布土层厚度（m）；

B、L_c——荷载分布的宽度和长度（m）；

σ_{ai}——挡墙中深度为 Z_i 处的垂直应力；

ΣG——分布在 BL_c 面积内的轮廓或履带荷载（kN）。

如图 7-15 所示，挡墙填土换算成等代均匀土层的厚度 h_1 取值如下：

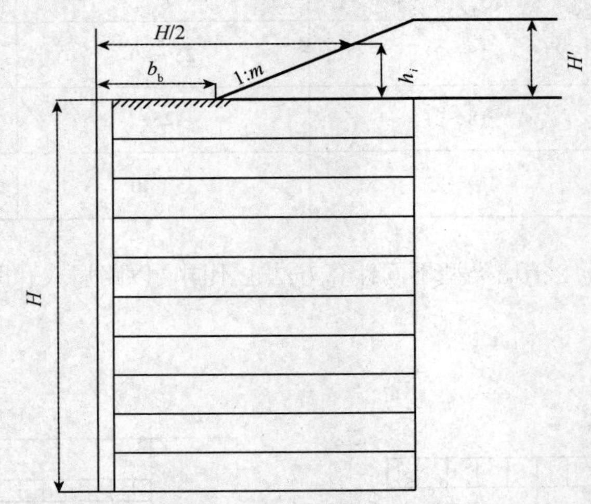

图 7-15　路堤式挡土墙填土等代土层厚度的计算

当 $h_1 > H'$ 时

$$h_1 = H' \tag{7-13}$$

当 $h_1 \leqslant H'$ 时

$$h_1 = \frac{1}{m}\left(\frac{H}{2} - b_b\right) \tag{7-14}$$

式中 m——路堤边缘的坡率；

H——挡墙高度；

H'——挡墙上的路堤高度（m）；

b_b——坡脚至面板的水平距离（m）。

如图 7-14（b）所示，路堤式挡墙在车辆荷载作用下，挡墙中深度为 Z_i 处的垂直应力 σ_{ai} 可按下面情况分别计算：

1）当扩散线上的 D 点未进入活动区时：

$$\sigma_{ai} = 0 \tag{7-15}$$

2）当扩散线上的 D 点进入活动区时：

$$\sigma_{ai} = \gamma_1 h \frac{L_c}{L_{ci}} \tag{7-16}$$

当 $Z_i+H'\leqslant 2b_c$ 时　　$L_{ci}=L_c+H'+Z_i$　　（7-17）

当 $Z_i+H'>2b_c$ 时　　$$L_{ci}=L_c+b_c+\frac{Z_i+H'}{2}$$　　（7-18）

式中　L_c——荷载布置宽度（m）；

L_{ci}——Z_i 深度处的应力扩散宽度（m）；

b_c——背面到路基边缘的距离（m）。

（3）拉筋的拉力、拉筋的断面和总长度计算。

1）当填土的主动土压力充分作用时，每根拉筋除了通过摩擦阻止部分填土水平位移外，还能使一定范围内的面板拉筋，从而使拉筋与主动土压力保持平衡。因此，每根拉筋所受压力随深度的增加而增大。第 i 单元拉筋受到的拉力 T_i 见下式：

路肩式挡墙　　$$T_i=K_i(\gamma_1 Z_i+\gamma_1 h)s_x s_y$$　　（7-19）

路堤式挡墙　　$$T_i=K_i(\gamma_1 Z_i+\gamma_2 h_1+\sigma_{ai})s_x s_y$$　　（7-20）

式中　s_x、s_y——拉筋的水平间距和垂直间距（m）。

2）所需拉筋的断面面积为

$$A_i=\frac{T_i\times 10^3}{k[\sigma_L]}$$　　（7-21）

式中　A_i——第 i 单元拉筋的设计断面面积（mm^2）；

k——拉筋的容许应力提高系数，当以钢带、钢筋和混凝土作拉筋时，k 取 1.0～1.5，当用聚丙烯土工聚合物时，k 取 1.0～2.0；

T_i——i 单元拉筋受到的拉力（kN）；

$[\sigma_L]$——拉筋的容许应力即设计拉应力，对于混凝土，其容许应力按表 7-3 取值。

表 7-3　　混凝土容许应力

混凝土强度等级	C18	C23	C28
轴心受压应力 σ_a（MPa）	7.00	9.00	10.50
拉应力 σ_L（MPa）	0.45	0.55	0.60
弯曲拉应力 σ_{WL}（MPa）	0.70	0.30	0.90

注：矩形截面构件弯曲拉应力可提高 15%。

3）拉筋总长度计算。

拉筋的总长度：　　$L_i=L_{1i}+L_{2i}$　　（7-22）

拉筋有可能被拔出，因此还需计算拉筋抵抗被拔出所需的锚固长度 L_{1i}，朗肯主动区拉筋长度 L_{2i}。

路肩式挡墙　　$$L_{1i}=\frac{[K_f]T_i}{2f'b_i\gamma_1 Z_i}$$　　（7-23）

路堤式挡墙　　$$L_{1i}=\frac{[K_f]T_i}{2f'b_i(\gamma_1 Z_i+\gamma_2 h_1)}$$　　（7-24）

式中 $[K_f]$——拉筋要求的抗拔稳定系数，一般取 1.2～2.0；

b_i——第 i 单元拉筋宽度总和（m）；

f'——拉筋与填土的似摩擦系数，按表 7-4 查取。

表 7-4 基底似摩擦系数 f'

地基土分类	f'值
软塑黏土	0.25
硬塑黏土	0.30
黏质粉土、粉质黏土、半干硬黏土	0.30～0.40
砂类土、碎石类土、软质岩土、硬质岩石	0.40

当 $0 \leqslant Z_i \leqslant H_1$ 时

$$L_{2i}=0.3H \tag{7-25}$$

当 $H_1 \leqslant Z_i \leqslant H$ 时

$$L_{2i}=\frac{H-Z_i}{\tan\beta} \tag{7-26}$$

式中 L_{2i}——朗肯主动区拉筋的长度（m）；

β——简化破裂面的倾斜部分与水平面夹角，$\beta = 45^\circ + \varphi/2$。

2. 外部稳定性计算

在验算加筋挡土墙外部稳定性时，应考虑以下几个方面问题：

（1）地基承载力验算。力矩作用下，挡墙墙趾处可能产生较大的偏心荷载，当地基承载力较小时，会产生地基失稳使挡墙破坏。

（2）基底抗滑稳定性验算。挡墙在主动土压力作用下，产生向外滑动趋势，有可能沿加固体和接触面向外侧滑动，此时要验算。

（3）抗倾覆稳定性验算。比较高的挡土结构，由于土体上产生转动力矩，使土体有可能产生围绕挡墙墙趾的转动破坏。

（4）整体抗滑稳定性验算。挡墙所在土体失稳而造成破坏，此时地基也产生整体滑动破坏。

（五）加筋土加固应用案例分析

拟在某黄土地区的二级公路上修建一座路堤式加筋挡土墙。据调查，挡土墙不受浸水影响，以确定挡土墙全长为 60m，沉降缝间距采用 20m，挡土墙高度 12m，顶部填土 0.6m，其计算断面如图 7-16 所示。

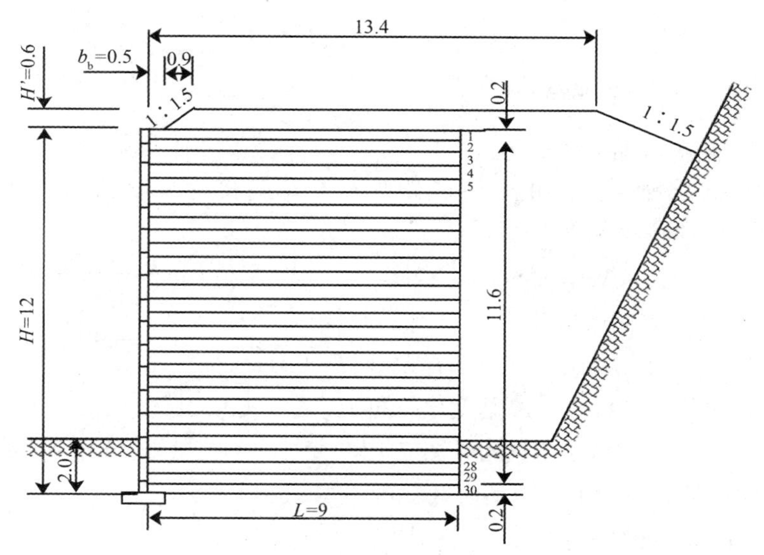

图 7-16　加筋土挡墙计算断面

已知各项计算资料汇列如下：

（1）路基宽度为 12m，路面宽 9m。

（2）活载标准为公路—II 级。

（3）面板为 1m×0.8m 十字型混凝土板，板厚 20cm，混凝土强度等级 C20。

（4）拉筋带采用聚丙烯土工聚合物，带宽为 18mm，厚 1mm，容许拉应力 $[\sigma_L]=50\text{MPa}$，似摩擦系数 $f^*=0.4$。

（5）拉筋带节点的水平间距 $S_x=0.42\text{m}$，垂直间距 $S_y=0.40\text{m}$。

（6）填料为黄土，容重 $\gamma_1=20\text{kN/m}^3$，内摩擦角 $\varphi=25^\circ$，黏聚力 $c=50\text{kPa}$，计算内摩擦角 $\varphi=30^\circ$。

（7）地基为老黄土，容重 $\gamma=22\text{kN/m}^3$，内摩擦角 $\varphi=30^\circ$，黏聚力 $c'=55\text{kPa}$，地基容许承载力 $[\sigma_0]=500\text{kPa}$，基底摩擦系数 $\mu=0.4$。

（8）墙顶和墙后填料与加筋体填料相同。

（9）要求拉筋抗拔安全系数 $[K_f]$=2.0；基底滑动稳定系数 $[K_f]$=1.3，倾覆稳定系数 $[K_B]$=1.25。

试按荷载组合 I 进行结构计算。

计算如下：

1. 计算加筋体上填土重力的等代土层厚度 h_1

由图 7-16 可知，H=12m，b_b=0.5m，m=1.5，$H'=0.6\text{m}$。

因为：$\frac{1}{m}(\frac{H}{2}-b_b)=\frac{1}{1.5}\times(6-0.5)=3.67(\text{m})>H'=0.6\text{m}$

所以取 $h_1=H'=0.6\text{m}$

2．计算车辆等代土层厚度 h_0

（1）计算车辆荷载布置长度 L。

已知车辆荷载公路—Ⅱ级的前后轴距加一个车轮接地长度总和为 L_0=13m，得：
$L=13+(2\times0.6+12)\tan30^\circ=20.62\text{m}$

因 L>15m，取扩散长度 L=15m。

（2）计算荷载布置宽度 B。

根据规范要求，挡土墙在进行内部稳定计算时，应首先判断活动区是否进入路基宽度，据此决定 B 的取值。车辆荷载横向布置图见图 7-17，破裂面距加筋体顶部面板的水平距离为 3.6m，已进入路基内 2.2m，进入路面内 0.7m，可布置一侧重车车轮。

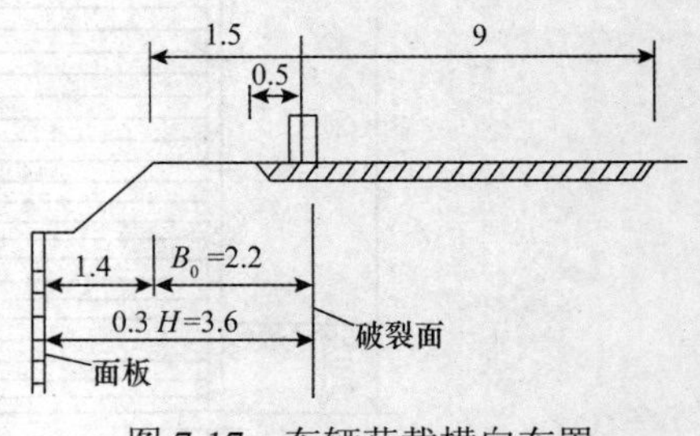

图 7-17　车辆荷载横向布置

1）按活动区宽度布置汽车荷载求 $h_0^{(1)}$

由图 7-17 知，$\sum G=550\text{kN}/2=275\text{kN}$，$B_0=2.2\text{m}$，$L$=15m，$\gamma_1=20\text{kN/m}^3$，得：

$$h_0^{(1)}=\frac{\sum G}{\gamma B_0 L}=\frac{275}{20\times2.2\times15}=0.42(\text{m})$$

2）按路基全宽布置汽车荷载求 $h_0^{(2)}$

因路面宽为 9m，横向可布置三辆重车，则
$\sum G=3\times550\text{kN}$，$B_0=12\text{m}$，$L$=15m，$\gamma_1=20\text{kN/m}^3$，得：

$$h_0^{(2)}=\frac{\sum G}{\gamma B_0 L}=\frac{3\times550}{20\times12\times15}=0.46(\text{m})$$

3）按《公路路基设计规范》（JTJ 30—2004）的方法求 $h_0^{(3)}$

因墙高为 12m，大于 10m，所以取 q=10kN/m²，得：

$$h_0^{(3)}=\frac{q}{\gamma}=\frac{10}{20}=0.5\text{m}$$

因 $h_0^{(3)}>h_0^{(2)}>h_0^{(1)}$，故取 h_0=0.5m，此时 $L_c=B_0$=12m，且沿全路基宽布置三行车队。

3．筋带所受拉力计算

参见图 7-18，计算列表进行。对于车辆荷载的扩散应力 σ_{ai}、扩散宽度 L_{ci}、拉力 T_i 分别按以下公式计算：

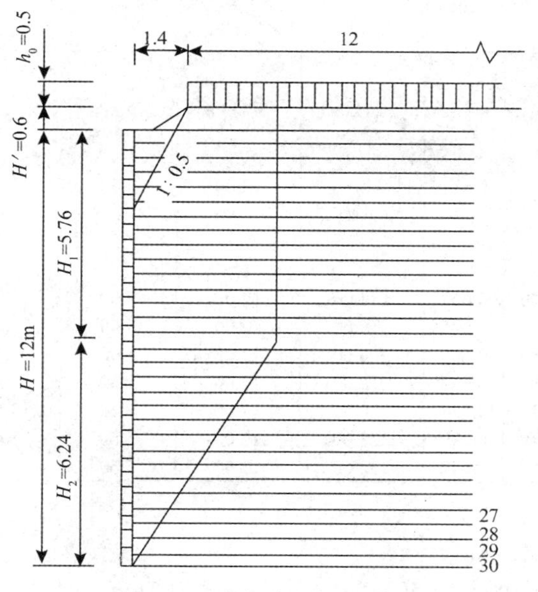

图 7-18　内部稳定计算图示

$$\left.\begin{aligned} \sigma_{ai} &= \gamma_1 h_0 \frac{L_c}{L_{ci}} \quad (L_{ci} > L_{di}) \\ \sigma_{ai} &= 0 \quad (L_{ci} \leqslant L_{di}) \end{aligned}\right\}$$

$$\left.\begin{aligned} L_{ci} &= L_c + H' + h_i \quad (h_i + H' \leqslant 2b_c) \\ L_{ci} &= L_c + b_c + \frac{(H' + h_i)}{2} \quad (h_i + H' > 2b_c) \end{aligned}\right\}$$

$$T_i = T_{hi} + T_{fi} + T_{ai} = K_i(\gamma_1 h_i + \gamma_2 h_2 + \sigma_{ai}) S_x S_y$$

$$\left.\begin{aligned} K_i &= K_0(1 - \frac{h_i}{6}) + K_a \frac{h_i}{6} \quad (h_i < 6\text{m}) \\ K_i &= K_a \quad (h_i \geqslant 6\text{m}) \end{aligned}\right\}$$

其中 $K_0 = 1 - \sin\varphi$，$K_a = \tan^2(45^\circ - \varphi/2)$；以第 1 层为例：$h_i$=0.2m，$K_i = 0.494$，$L_{ci}$=12.8m，$\gamma_2 = \gamma_1 = 20\text{kN/m}^3$，$\sigma_{ai} = 9.37\text{kPa}$，$T_i$=2.11kPa，其他层依此类推，计算结果见表 7-5。

表 7-5　　拉力计算表

拉筋层号	Z_i（m）	K_i	L_i(m)	$\frac{L_c}{L_{ci}}$	$\gamma_2 z_1$(kPa)	$\gamma_2 h_1$(kPa)	$\gamma_1 h$(kPa)	σ_{ai}(kPa)	S_x(m)	S_y(m)	T_i(kN)
1	0	0.494	12.80	0.938	4.00	12.00	5.60	5.25	0.42	0.40	1.75
2	0.60	0.483	13.20	0.909	12.00	12.00	5.60	5.09	0.42	0.40	2.35
3	1.00	0.472	13.60	0.882	20.00	12.00	5.60	4.94	0.42	0.40	2.93
4	1.40	0.461	14.00	0.857	28.00	12.00	5.60	4.80	0.42	0.40	3.47
5	1.80	0.450	14.40	0.833	36.00	12.00	5.60	4.66	0.42	0.40	3.98

（续表）

拉筋层号	Z_i（m）	K_i	L_i(m)	$\frac{L_c}{L_{ci}}$	$\gamma_2 z_1$(kPa)	$\gamma_2 h_1$(kPa)	$\gamma_1 h$(kPa)	σ_{ai}(kPa)	S_x(m)	S_y(m)	T_i(kN)
6	2.20	0.439	14.80	0.811	44.00	12.00	5.60	4.54	0.42	0.40	4.46
·	·	·	·	·	·	·	·	·	·	·	·
·	·	·	·	·	·	·	·	·	·	·	·
·	·	·	·	·	·	·	·	·	·	·	·
24	9.40	0.333	18.40	0.652	188.00	12.00	5.60	3.65	0.42	0.40	11.39
25	9.80	0.333	18.60	0.645	196.00	12.00	5.60	3.61	0.42	0.40	11.84
26	10.20	0.333	18.80	0.638	204.00	12.00	5.60	3.57	0.42	0.40	12.28
27	10.60	0.333	19.00	0.632	212.00	12.00	5.60	3.54	0.42	0.40	12.73
28	11.00	0.333	19.20	0.625	220.00	12.00	5.60	3.50	0.42	0.40	13.17
29	11.40	0.333	19.40	0.619	228.00	12.00	5.60	3.47	0.42	0.40	13.62
30	11.80	0.333	19.60	0.612	236.00	12.00	5.60	3.43	0.42	0.40	14.07

4. 筋带断面积计算

已知筋带容许拉应力$[\sigma_L]=50\text{MPa}$，筋带厚度为1mm，查表得当荷载组合Ⅰ时，筋带容许拉应力提高系数K=1，由公式计算得筋带断面积，最后取为偶数条。

如第1层得断面积为

$$A_1=\frac{T_1\times10^3}{K[\sigma_L]}=\frac{2110}{1\times50}=42.2(\text{mm})^2$$

$$N_1=\frac{A_1}{t_1b_1}=\frac{42.2}{1\times18}=2.34\approx4(条)$$

5. 筋带长度计算

根据以下公式计算各层筋带一个节点处在活动区、锚固区的长度及该结点的总长。

$$\left.\begin{aligned}L_{oi}&=0.3H &&(0<h_i\leqslant H_1)\\L_{oi}&=\frac{(H-h_i)}{\tan\theta} &&(H_1<h_i\leqslant H)\end{aligned}\right\},\quad\theta=45^\circ+\frac{\varphi}{2},\quad\left.\begin{aligned}H_2&=0.3H\tan(45^\circ+\frac{\varphi}{2})\\H_1&=H-H_2\end{aligned}\right\}$$

$$L_{ei}=\frac{[K_f]T_i}{2b_i(\gamma_1h_i+\gamma_2h_2)f^*},\quad L_i=L_{ei}+L_{oi}$$

以第1层为例：h_i=0.2m，T_i=2.11kPa，筋带总宽度b_i=0.072m，似摩擦系数$f^*=0.4$，抗拔安全系数（荷载组合Ⅰ）$[K_f]=2$

$$L_{ei}=\frac{[K_f]T_i}{2b_i(\gamma_1h_i+\gamma_2h_2)f^*}=\frac{2\times2.11}{2\times0.072\times(4+12)\times0.4}=4.58(\text{m})$$

则筋带总长为

$$L_1=L_{oi}+L_{ei}=0.3\times12+4.58=8.18（\text{m}）<0.7H=8.4（\text{m}）$$

初步取L_1=0.7H=8.4（m）≈9（m）

第30层筋带总长为：L_{30}=0.57<0.4H=4.8m，初步取L_{30}=5（m）。

其余各层计算过程省略。

6. 基底底面地基应力验算

按规范规定，当对路堤式加筋挡土墙进行外部稳定性验算时，B_0 的取值及等代土层厚度 h_0 布置的范围为路基全宽，加筋体上填土重力的影响按填土几何尺寸计算。

经试算，加筋体底部宽度 5m，难以满足外部稳定性要求，因此取该加筋体为矩形断面，及上下均为 9m（调整后的抗拔稳定系数，此时 K_f 远大于$[K_f]$）。

地基应力验算见图 7-19 所示。

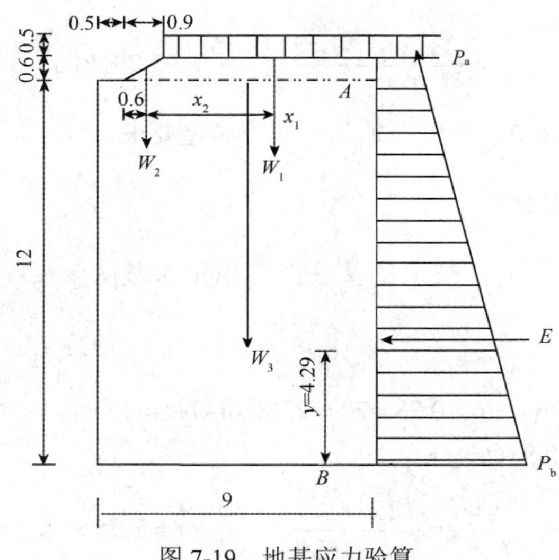

图 7-19 地基应力验算

（1）基底面上的垂直力 N

由图 7-19 可得：

$W_1=(9-0.5-0.9)\times(0.5+0.6)\times20=167.2(\text{kN/m})$

$W_2=0.9\times0.6\times0.5\times20=5.4(\text{kN/m})$

$W_3=9\times12\times20=2160(\text{kN/m})$

$N=W_1+W_2+W_3=167.2+5.4+2160=2332.6(\text{kN/m})$

（2）墙背 AB 上水平土压力 E

路基顶面 A 点的水平应力：$P_a=20\times0.5\tan^2(45^\circ-30^\circ/2)=3.33(\text{kPa})$

基底面 B 点水平应力：$\sigma_{HB}=20\times(0.6+12)\tan^2(45^\circ-30^\circ/2)=84.00(\text{kPa})$

所以，$E=3.33\times12.6+84\times12.6\times\dfrac{1}{2}=530.87(\text{kN/m})$

（3）求各力对基底重心 O 点的力矩

$M_1=W_1x_1=167.2\times0.7=117.04(\text{kN}\cdot\text{m})$，$M_2=W_2x_2=5.4\times3.4=18.36(\text{kN}\cdot\text{m})$

$M_3=0$，$M_E=530.87\times4.29=2277.43(\text{kN}\cdot\text{m})$

所以，$M=M_E+M_2-M_1-M_3=2178.75(\text{kN}\cdot\text{m})$

式中　x_1——W_1作用点到基底重心O_1的距离；

x_2——W_2作用点到基底重心O_1的距离。

（4）地基应力计算

$$\left.\begin{aligned}\sigma_{\max}&=\frac{\sum N}{L}(1+\frac{6e}{L})\\ \sigma_{\min}&=\frac{\sum N}{L}(1-\frac{6e}{L})\end{aligned}\right\},\quad e=\frac{L}{2}-\frac{\sum M_y-\sum M_0}{\sum N}$$

$$\sigma_{\max}=\frac{2332.6}{9}+\frac{6\times2178.75}{9^2}=420.57(\text{kPa})$$

$$\sigma_{\min}=\frac{2332.6}{9}-\frac{6\times2178.75}{9^2}=97.79(\text{kPa})$$

因$\sigma_{\max}<[\sigma_0]$，$\sigma_{\min}>0$，所以，地基承载力满足要求。

7. 基底抗滑移稳定验算

查表，荷载组合为 I 时，要求的基底滑移稳定系数$[K_c]$=1.3，又已知基底摩擦系数$\mu=0.4$。

由前项计算得：

垂直合力$N=2299.16-7.6\times0.28\times20=2256.6(\text{kN/m})$

水平合力$T=E=530.87(\text{kN/m})$

由公式得：$K_c=\dfrac{\mu\sum N+cL}{\sum T}=\dfrac{2256.6\times0.4+50\times9}{530.87}=2.55>[K_c]=1.3$

所以，基底抗滑移稳定性满足要求。

8. 抗倾覆稳定验算

见图 7-20，作用于墙体的力系与基底滑移验算时相同。查表，荷载组合为 I 时，要求的抗倾覆稳定系数$[K_0]$=1.5。

（1）求各力对墙趾O点的力矩。

$M_1=(167.20-0.5\times7.6\times20)\times(9-3.8)=472.24(\text{kN}\cdot\text{m})$

$M_2=5.4\times1.1=5.94(\text{kN}\cdot\text{m})$

$M_3=2160\times4.5=9720(\text{kN}\cdot\text{m})$

$M_E=530.87\times4.29=2277.43(\text{kN}\cdot\text{m})$

（2）由公式得：

$$K_0=\frac{\sum M_y}{\sum M_0}=\frac{M_1+M_2+M_3}{M_E}=4.48>[K_0]=1.5$$

所以，抗倾覆稳定性满足要求。

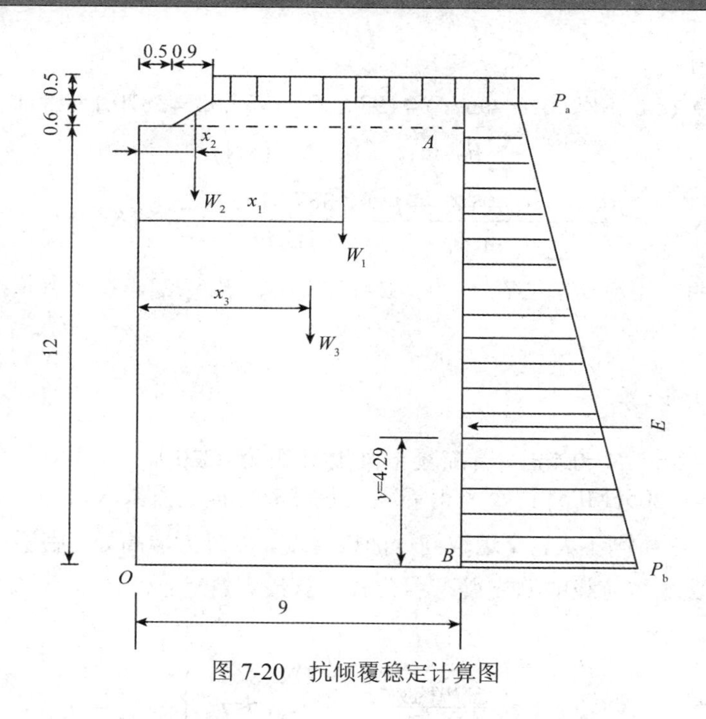

图 7-20　抗倾覆稳定计算图

9. 整体滑动稳定验算

采用圆弧滑动面假定时，最不利位置通常出现在图 7-21 所示的 XOY 象限内，但具体位置需试算确定。一般可划分网格，以若干交点为圆心做相应的圆弧滑动验算求稳定系数 K_s，与要求的稳定系数$[K_s]$比较判断其稳定性，组合荷载 I 时$[K_s]$=1.25。

整体抗滑稳定系数为：$K_s = \dfrac{\sum (c_i L_i + W_i \cos a_i \tan \varphi_i)}{\sum W_i \sin a_i}$

本例仅对图 7-21 中圆心位置（O）情况下的一种圆弧滑动面给出了验算示例，如下：

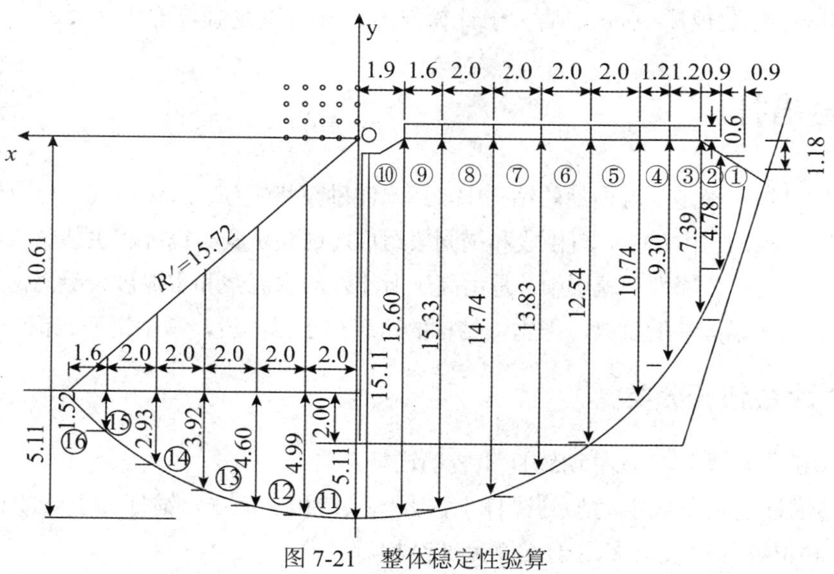

图 7-21　整体稳定性验算

计算各土条得：

$$\sum(c_iL_i+W_i\cos\alpha_i\tan\alpha_i)=1934.25+1935.93=3870.15(\text{kN})$$

$$\sum W_i\sin\alpha_i=1412.06(\text{kN})$$

$$K_\text{s}=\frac{\sum(c_iL_i+W_i\cos\alpha_i\tan\varphi_i)}{\sum W_i\sin\alpha_i}=\frac{3870.15}{1412.06}=2.74>[K_\text{s}]=1.25$$

验算结果表明：当滑动圆心在 O 点，R=15.72 时，$K_\text{s}>[K_\text{s}]$，在此种情况下整体滑移稳定性满足要求。

10. 面板厚度计算

已知：S_x=0.42m，S_y=0.4m，当混凝土强度等级为 C20 时，混凝土容许弯拉应力为 $[\sigma_{\text{w}l}]=1.15\times0.7=0.805(\text{MPa})$；查表得混凝土容许应力提高系数 K=1。

在本算例中，因桥高不大，全墙取同一面板厚度。以最大墙高处（底层）威力计算如下：

面板视为承受均布荷载的简支梁，由公式计算最大弯矩：

$$t=\sqrt{\frac{60M_{\max}}{K[\sigma_{\text{w}l}]a}},\quad \left.\begin{aligned}M_{\max}&=\frac{1}{8}q_iS_x^2\\ q_i&=\frac{0.75T_i}{S_xS_y}\end{aligned}\right\}$$

$$q_{30}=\frac{0.75\times14.22}{0.42\times0.4}=63.51(\text{kN}/\text{m}^2)$$

$$M_{30\max}=\frac{63.5\times0.42}{8}=1.4(\text{kN}\cdot\text{m})$$

面板厚度为 $t=\sqrt{\dfrac{60\times1.4}{1\times0.805\times0.4}}=16.2(\text{cm})$

根据实践经验取板厚 20cm，略大于计算厚度，故可满足强度要求。

四、土层锚杆

锚杆支护是指在稳定土层内部的钻孔中，用水泥砂浆将钢筋（或钢绞线）与土体粘结在一起的拉结挡土结构。它由锚头、自由段和锚固段组成。锚头是联结锚杆和主体结构的部件；锚固段位于锚杆的尾部，深埋于地层中，是由高压所注入的水泥浆和水泥砂浆凝固而成；自由段是连接主体结构和锚固端的桥梁，把主体结构的荷载传于锚固段，常由钢筋或钢绞线构成。

（一）土层锚杆分类

（1）以工作机理划分有主动锚杆和被动锚杆：

1）主动锚杆是指荷载主动加到锚杆上，土体保持相对静止，锚杆和土体的相互作用由锚杆的拉伸和位移而引发。多用于支撑上部结构。

2）被动锚杆是指锚杆用于抵抗土体可能的位移，它们之间的相互作用主要由土体的位移而激发。大多用于隧道支撑、深基坑支护、挡土墙、边坡加固。

（2）以传力方式分有摩擦型锚杆、承压型锚杆和摩擦组合型锚杆。

1）摩擦型锚杆通常为灌浆锚杆，其支承机理为摩擦抵抗力大于支承抵抗力。

2）承压型锚杆是指锚固体有一个支承面，锚固的一部分或大部分是局部扩大的，其支承机理是支承抵抗力大于摩擦抵抗力。

3）摩擦组合型锚杆是指其支承机理为支承抵抗力约等于摩擦抵抗力。

（3）以工作年限分有临时性锚杆和永久性锚杆。

1）临时性锚杆是指工作年限小于 2 年的锚杆。

2）永久性锚杆是指工作年限大于或等于 2 年的锚杆。

（二）使用土层锚杆的优点

（1）锚杆施工简便，其施工机械和设备作业空间不大，可以适合各种地形和场地。

（2）锚杆的设计拉拔力可由现场抗拔试验获得，因此，只要施工质量较好，就可保证设计安全度。

（3）用锚杆代替钢支撑作侧壁支承，可以节省大量钢材，还可以改善施工条件。

（4）锚杆可预先张拉，采用预应力锚杆，能在一定程度上控制基坑或者边坡的变形。

（5）锚杆施工时，施工噪声和振动均很小。

（三）土层锚杆支护的适用范围

锚杆的应用十分广泛，可适用于致密高强岩体中，也可适用于松散岩体中。对于土层锚杆来说，适用于黏性土、粉土和砂土等。但未经处理的有机质土、液限 $W_L>50\%$和相对密度 $D_r<3$ 的土层不得作永久性锚杆的锚固地层。

锚固技术几乎遍及基本建设的各个方面，除在地下工程、边坡工程、深基坑工程及结构抗浮工程中保持良好的发展态势外，也在重力坝加固、桥梁工程及抗倾覆、抗震工程中也有很大进展。

（四）土层锚杆支护机理

大量的工程经验和试验表明，锚杆支护是一种有效的加固措施，但由于其加固机理及作用方式复杂，至今尚未有统一的理论。目前对土层锚杆的工作机理有以下几种观点：

（1）摩擦作用。锚杆在正常工作状态下，涉及拉杆、注浆体、土体的相互作用，故受力情况复杂。一般认为，锚杆主要靠锚固段的注浆体与被锚固土体之间的摩擦力来维持土体的平衡和稳定。

（2）土体稳定性增大。由于锚杆的预应力作用，可以有效限制被锚固土体的变形量 ，从而增加土体的稳定性，另外，灌浆可大大增加锚杆和土的界面强度，进而增加了土体稳定性。

（3）土体等效变形模量增加。由于锚杆的弹性模量远高于土体的弹性模量，当锚杆随土体变形时，这种变形特性的差异造成了土体等效变形模量的增加。

（4）土体抗剪强度提高。早期的锚杆计算模型就是认为锚杆提高了土体的抗剪强度指标。土层锚杆支护提高了土的抗剪强度性，进而增加了土体稳定性。

（五）土层锚杆支护设计计算

土层锚杆的承载力主要取决于锚固体的抗拔力，而锚固体的抗拔力可以从两方面考虑：一方面是锚固体抗拔力应具有一定的安全系数；另一方面是它在受力情况下发生的位移必须不超出一定的允许值。其设计计算主要包括土层锚杆的布置与结构参数设计、锚杆设计拉力的确定、锚杆截面设计、锚头连接设计、锚杆长度设计、锚杆和结构物的整体稳定性验算等。

（六）案例分析

1. 工程概况

×××宾馆建筑面积 14000m^2，地上 12 层、地下 1 层，基坑挖深 0.5m，桩—箱基础。施工场地南北宽阔、东西狭窄，西面紧邻城市交通干道，开挖后基坑边缘距东西围墙仅有 0.2m，必须进行基坑支护。

工程地质土层自上而下分别：人工填土；粉质黏土、砂质黏土；中细砂；粉质黏土、黏质粉土；中细砂；重粉质黏土。地下水位深度–9.5～–8.5m。

2. 支护方案

按设计基坑采用大开挖，南北长 90m，东西长 40m。施工时南北方向采用放坡施工，东西方向考虑到施工安全不放坡，采用土层锚杆进行基坑支护。

（1）开挖深度达到–3.5m 时进行第一次支护，达到–6.5m 时进行第二次支护。

（2）基坑支护采用压浆式土层锚杆。在基坑侧壁土层上钻孔，达到一定深度后扩大孔径形成圆柱状，在孔内放入钢筋束，加压灌入水泥浆，使钢筋束与土层结合成为抗拔力强的锚杆。锚杆端部与挡土板相连，将基坑侧壁土的侧压力通过锚杆传递给远离基坑的土层，以保持基坑周边土层稳定性，防止塌方和滑坡。

（3）挡土板采用钢脚手架板按照水平间距 1.0m、竖向间距 0.5m 的结构与[100 槽钢相连接。

3. 土层锚杆设计

（1）锚杆设计承载力 800kN，安全系数 1.5，设计极限承载力 1200kN。

（2）锚杆采用 3ϕ16mm 螺纹钢筋束，锚头采用螺母锚头，支座采用[100 槽钢。

（3）最上一排锚杆的锚头距地面 1.0m，锚杆尾部距地面 5.1m。

（4）锚杆长度 10m，间距 1.5m×1.5m。锚杆、锚孔与水平向成 200°。

（5）锚孔孔深 10m，非锚固段长 5m，直径为 100mm；锚固段长 5m，直径为 150mm。

（6）采用 C35 混凝土级别的水泥浆加压注浆浇筑锚固定段，非锚固定段采用灌砂填充。

4. 土层锚杆施工

（1）定点。基坑开挖深度达到–3.5m 时开始第一次支护，达到–6.5m 时进行第二次支护。支护前按照间距 1.5m×1.5m 放线布置锚孔网，用木楔子钉在基坑侧壁上。

（2）成孔。成孔是锚杆施工的关键工序。工程所在地属于黄土地区，采用洛阳铲人工成孔。按照与水平向成 20° 施工，直孔深进至 5m 时将孔径扩大到ϕ150mm，直至孔深达到 10m 停止。每前进 1m 检查成孔与水平和基坑侧壁的夹角以及成孔的平直度，防止成孔偏移。注意每排孔口对齐，做到横平竖直、整齐划一。最后用空气压缩机通过风管向孔内吹风冲洗孔壁，将残留废土清除干净。

（3）加工和安放锚杆。锚杆长度考虑挡土板和支座厚度按 10.16m 进行对焊加工，锚头一端剥肋套丝。每根锚杆由 3ϕ16mm 螺纹钢筋组成，杆体上每隔 2.0m 焊定位圆环架一道以保证锚杆始终处于锚孔中心位置。安放锚杆前，向锚孔内插入一根ϕ100mm PVC 管作为锚杆安装和注浆的导管，再将锚杆自导管内插入锚孔。

（4）注浆。注浆是锚杆施工的关键工序。采用 C35 混凝土级别的水泥浆进行一次注浆施工，水灰质量比 0.4，注浆压力 0.5MPa。用压浆泵将水泥浆通过导管注入锚孔，注浆平面始终低于导管上口以排出孔内空气，在注浆的同时将导管匀速拔出。待水泥浆已注满锚杆锚固段，将水泥纸袋和湿泥捣入孔中进行封闭，人工插入钢筋捣实，再用 0.6MPa 压力补灌 2min，然后对非锚固段进行灌砂施工以保证非锚固段能够自由伸长，将干砂通过导管灌入锚孔，同时将导管匀速拔出，最后用湿泥封闭孔口。

（5）锚杆试验。施工时每一种土层增加 2 个锚杆，采用与其他锚杆相同的方法一起施工，最后进行极限抗拔试验。根据试验得出极限承载力的平均值，再除以安全系数 1.5 就是锚杆允许承载力。

五、土钉

土钉支护是一种用于土体开挖和边坡稳定的新型挡土结构，是由锚杆技术发展而来。它由密集的土钉群、被加固的原位土体、喷射混凝土面层和必要的防水系统组成，形成一个类似重力式的挡土墙，以此来抵抗墙后传来的压力和其他作用力，从而使开挖坡面稳定。土钉用来加固或同时锚固现场原位土体的细长杆件。土钉依靠土体之间的界面粘结力或摩擦力，在土体发生变形的条件下被动受力，并主要承受拉力作用。除了常用的钢筋之外，土钉也可用钢管、角钢等作为钉体。由于土钉一般是通过钻孔、插筋、注浆来完成的，因此也被国内岩土工程界称为砂浆锚杆，土钉支护也被称为锚钉支护或喷锚网支护。

（一）土钉的优缺点

1. 使用土层锚杆的优点

（1）施工简便，施工速度快。边坡支护施工不需要施工作业准备时间。土体分层开挖，随开挖随支护。

（2）工程造价低。土钉支护施工采用轻型机具，机动灵活，维护简易。土钉面层为轻型结构，用料节省，总工程造价一般比桩支护可节省10%～30%，部分达50%以上。

（3）节省占地。土钉支护因为不采用大型机械，工程用料少，因而不需要很大的作业场地。特别是在采用外模板墙土钉支护技术后，可以充分利用红线以内地皮，扩大建筑面积。

（4）结构轻巧，柔性大，有非常好的抗震性能和延性。土钉支护即使破坏，一般也不至于彻底倒塌，并且有一个变形发展过程，反映出良好的延性。

（5）作业噪声小。支护施工仅有空压机会产生噪声，可以采取隔离措施减低噪声影响。土钉施工扰民问题比其他支护方法影响要小。

（6）工期短。土钉支护采用边挖边支护的施工方法，不单独占用作业时间，缩短了工期。

（7）适用范围广。可适用各类砂性土、风化岩、软岩，可用于路堑、路基边坡、桥台、地下工程。

2. 土钉的缺点

（1）用于基坑支护时，水平位移较大，对周围道路、建筑物可能引起损坏。

（2）要求土体的自稳性好，土钉支护的第一步是开挖1～2m深，方进行第一道土钉施工，在完成之前要求土体在无支撑的情况下保持稳定。

（3）不能应用于冻土和地下水位以下的土层，不能用于淤泥和淤泥质土；也不宜用于含水丰富的粉细砂层和卵砾层，成孔困难。

（4）在市区使用时，因建筑物密度大，土钉要“入侵”到其他建筑物、道路下，可能对其他建筑物基础造成影响。另外，周围有地下管线时，土钉施工受影响。

（5）土钉施工时要求坡面无水渗出，否则坡面易局部坍塌，也不易施工面层。

（6）土钉一般不能回收利用，且“寿命”较短，一般用于临时支护，若用于永久性支护，需考虑抗锈蚀等耐久性问题。

（二）土钉加固机理

1. 提高原位土体强度

由于土体的抗剪强度较低，抗拉强度更小，因而自然土坡只能以较小的临界高度保持直立，而当土坡直立高度超过临界高度，或坡面有较大超载以及环境因素等改变时，都会引起土坡的失稳。土钉则是在土体内增设一定长度与分布密度的锚固体，它与土体牢固结合而共同工作以弥补土体自身强度的不足，增强土坡坡体自身的稳定性，它属于主动制约机制的支挡体系。

2. 土与土钉间相互作用

类似加筋土挡墙内拉筋与土的相互作用，土钉与土间的摩阻力的发挥，主要是由于土钉与土间的相对位移而产生的。基坑外侧土体作用在围护体上的土压力为主动土压力，坑内的是因围护体变形后再作用到围护体上的土压力是被动土压力，所以以围护为界坑外的自然叫主动区，坑内的叫被动区。同样，在土钉加筋的边坡内同样存在着主动区和被动区，主动区和被动区内土体与土钉间摩阻力发挥方向正好相反，而被动区内土钉可起到锚固作用。土钉与周围土体间的极限界面摩阻力取决于土的类型、上覆压力和土钉的设置技术。

3. 面层土压力分布

面层不是土钉结构的主要受力构件而是面层土压力传力体系的构件，同时起保证各土钉不被侵蚀风化的作用。由于它采用的是与常规支挡体系不同的施工顺序，因而面层上土压力分布与一般重力式挡土墙不同。

4. 破裂面形式

对均质土陡坡在无支挡条件下的破坏是沿着库仑破裂面发展的，这已为许多试验和实际工程所证实。

（三）土钉设计计算

1. 土钉基本参数确定

在介绍之前要先学习一下确定土钉基本参数，根据国内外工程资料，经统计分析得出确定土钉基本参数的方法。

（1）土钉长度。工程实践表明土钉实际长度 L 均不超过土坡的垂直高度 H。抗拔试验表明，对高度小于 12m 的土坡采用相同的施工工艺，在同类土质条件下，当土钉长度达到 H 时，再增加土钉长度则对承载力提高不大。因此，可按下式初步选取土钉长度：

$$L=mH+S_0 \tag{7-27}$$

式中 m——经验系数，一般取 0.7～1.0；

H——土坡的垂直高度（m）；

S_0——止浆器长度，一般为 0.8～1.5m。

（2）土钉孔直径 d_h 及间距。首先根据成孔器械选定土钉孔孔径 d_h，一般取 d_h=80120mm。常用的孔径为 80～100mm。分别表示土钉水平间距 S_x 和垂直间距 S_y，选定原则是以每个土钉注浆时其周围土的影响区域与相邻孔的影响区域相重叠为准。应力分析表明，一次压力注浆可使孔外 $4d_h$ 的临近范围内土体的应力发生应力变化，因此对于注浆式土钉（6～8）

d_h 选定土钉间的水平间距 S_x 和垂直间距 S_y，并且应满足：

$$S_x S_y = K d_h L \tag{7-28}$$

式中 K——注浆工艺系数，对一次压力注浆工艺，取 1.5～2.5；对钻孔注浆型土钉用于圆粒状陡坡时，取 0.3～0.6；对于冰碛物和泥炭盐时，取 0.15～0.20；对于打入型土钉，用于加固粒状土陡坡时，取 0.6～1.1。

（3）土钉加筋杆直径 d_b。国内目前确定土钉加筋杆直径的方法均采用下面的公式：

$$d_b = (20 \sim 25) \times 10^{-3} \sqrt{S_x S_y} \tag{7-29}$$

国外的一些学者提出：对于不同土质的土坡，其布筋率 $d_b^2 / (S_x S_y)$ 也会有所不同，对于钻孔注浆型土钉，用于粒状土陡坡加固时其布筋率为 $(0.4 \sim 0.8) \times 10^{-3}$，用于冰碛物和泥炭岩时，其布筋率为 $(0.10 \sim 0.25) \times 10^{-3}$；对打入型土钉，用于加固粒状土坡时，其布筋率为 $(1.3 \sim 1.9) \times 10^{-3}$。

2. 面层土压力分布及滑裂面的计算

由太原煤矿设计研究院结合实际工程案例综合分析，得到作用于土钉面层上的土压力按照下列公式计算：

$$q = m_e K \gamma h \tag{7-30}$$

式中 h——土压力作用点至坡顶的距离，当 $h \leqslant H/2$ 时，h 取实际值，当 $h > H/2$ 时，h 取 $0.5H$，其中 H 为土坡垂直高度(m)；

γ——土的天然重度（kN/m^3）；

m_e——工作条件系数（对使用期不超两年的临时性工程，$m_e = 1.0$ 对使用期超两年的，$m_e = 1.2$）；

K——土压力系数，K_0、K_a 分别为静止土压力和主动土压力系数。

对于均质陡坡，在无支挡条件下的破坏是沿着库仑破坏面发展的；对于原位加筋土钉复合体陡坡，其破坏形式采用足尺寸检测试验，并结合理论分析进行确定，这样可全面反映复合体的结构特性、荷载边界条件和施工等多种因素的综合影响。太原煤矿设计研究院建议采用图 7-22 所示的形式。

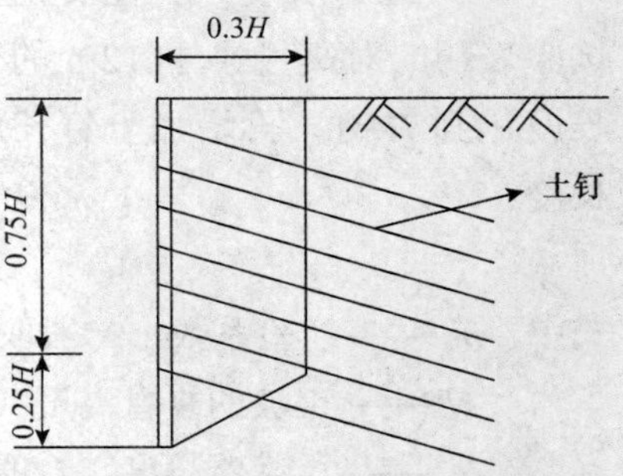

图 7-22　土钉复合体的简化滑裂面形式

（1）国内方法。

土钉的破坏见图 7-23。

1）抗拉断裂极限状态。在面层土压力作用下，土钉将承受抗拉应力，以保证土钉结构内部的稳定性，应使土钉主筋的抗拉强度具有一定的安全系数。为此土钉主筋的直径 d_b 应满下式：

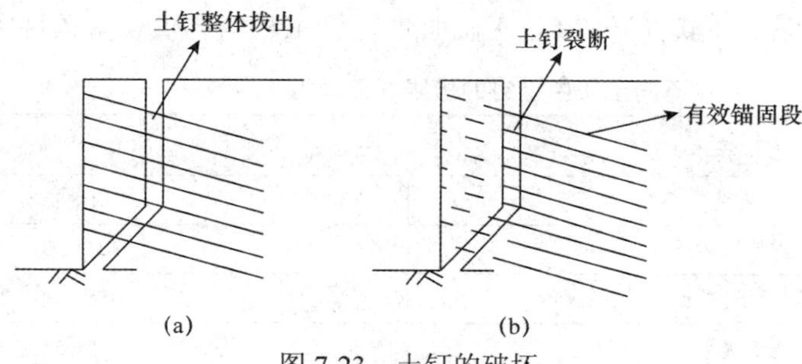

图 7-23　土钉的破坏
（a）拉力破坏；（b）锚固力破坏

$$\frac{\pi d_{\mathrm{b}}^{2} f_{\mathrm{y}}}{4E_i} \geqslant 1.5 \tag{7-31}$$

$$E_i = q_i S_x S_y \tag{7-32}$$

$$q_i = m_{\mathrm{e}} K \gamma h_i \tag{7-33}$$

$$K = \frac{1}{2}\left(k_0 + k_{\mathrm{a}}\right) \tag{7-34}$$

式中　d_{b}——土钉主筋的直径；

f_{y}——主筋抗拉强度设计值；

E_i——第 i 列单根土钉支承范围内面层上的土压力；

q_i——第 i 列土钉处的面层土应力；

h_i——土压力作用点至坡顶的距离，当$h_i > H/2$时，h_i取$0.5H$，其中H为土坡垂直高度；

γ——土的重度；

m_{e}——工作条件系数（对使用期不超两年的临时性工程，m_{e}=1.0；对使用期超两年的，m_{e}=1.2）；

K——土压力系数；

K_0、K_{a}——分别为静止土压力和主动土压力系数。

2）锚固极限状态。在面层土压力作用下，土钉内部潜在滑裂面后的有效锚固段应具有足够的界面摩阻力而不被拔出。所以应满足以下条件：

$$\frac{F_i}{E_i} \geqslant K \tag{7-35}$$

$$F_i = \pi \tau d_{\mathrm{h}} L_{\mathrm{e}i} \tag{7-36}$$

式中　F_i——第 i 列单根土钉的有效锚固力；

d_{h}——钻孔直径；

$L_{\mathrm{e}i}$——土钉有效锚固段长度；

τ——土钉与土间的极限界面摩阻力，应通过抗拔试验确定，在无实测资料时可参考表 7-6；

K——安全系数（取 1.3～2.0，对临时性土钉工程取小值，永久性土钉工程取大值）。

表 7-6　　不同土质中土钉的极限界面摩阻力

土类	τ(kPa)
黏土	130～180
弱胶结砂土	90～150
粉质黏土	65～100
黄土类粉土	52～55
杂填土	35～40

（2）国外 Schlosser 方法。

1）土钉与土间的界面摩阻力。对没有超载或均匀超载的情况，土钉结构可能产生的破裂面与垂线的倾角为 $\delta = 90° - \frac{1}{2}(\beta + \varphi)$（$\varphi$为土的摩擦角），如图 7-24 所示。考虑作用于土钉侧面的水平应力，土钉与土间的界面摩阻力为

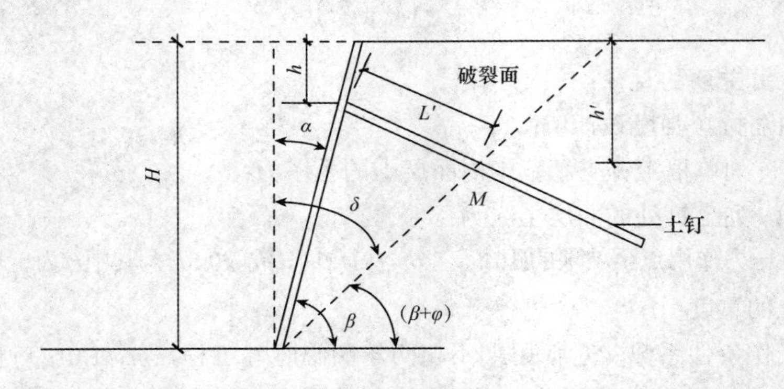

图 7-24　土钉结构破裂面与垂线倾角

$$F_{Ni} = L_{ei} \tan\varphi\gamma h_i' d_h \left[2 + (\pi - 2)K_0\right] \tag{7-37}$$

式中　F_{Ni}——土钉与土间的界面摩阻力；

L_{ei}——土钉有效锚固长度；

φ——土与土钉间摩擦角；

K_0——静止土压力系数，K_0=1－sinφ，其中φ为土的摩擦角；

h_i'——土钉有效锚固长度以上的土层厚度；

计算单位宽度内若干土钉的总摩阻力$\sum F_{Ni}$及侧向总压力 E：

$$E = \frac{1}{2}K_a\gamma H^2 \tag{7-38}$$

$$K_a = \left[\frac{\sin(\beta - \varphi)}{(\sin\beta)^{1.5} + \sin\varphi(\sin\beta)^{0.5}} \right]^2 \tag{7-39}$$

式中　K_a——主动土压力系数；

γ——土的天然重度；

H——土坡垂直高度。

土钉结构的安全系数，$K = \dfrac{\sum F_{Ni}}{E}$，考虑到目前为止已建土钉工程的数量有限，建议取 2.5。

2）土钉承受的拉力。每根土钉中产生的拉力可假定为作用于土钉所控制坡面面层上的侧向土压力，由于面层上的侧向土压力是随着土钉设置深度的增大而增大，因此，最低层的土钉上的拉力将是最大。可按下式计算：

$$T = K_a \gamma h_m S_x S_y \tag{7-40}$$

式中　T——土钉的拉力；

h_m——最低层土钉的深度；

S_x、S_y——土钉间的水平间距和垂直间距。

当土钉主筋具有极限强度 f_u 时，材料抗拉安全系数为：

$$K' = \frac{f_u \pi d_b^2}{4T} \tag{7-41}$$

式中　d_b——土钉主筋直径。

3）外部稳定性分析。土钉加筋土体形成的结构可看作一个整体，其外部稳定性分析可按重力式挡墙考虑，包括土钉结构的抗倾覆稳定、抗滑移稳定以及地基强度等验算。

（四）土钉与土层锚杆、加筋土挡墙的比较

1. 土钉与加筋土挡墙的比较

从工作机理上讲，锚杆主要为锚固机制，加筋土主要为加固机制，而土钉支护则为加固基础上的锚固机制。土钉支护属于土体加筋技术中的一种，其形式与通常的加筋土挡墙相似，相似之处在于：

（1）加筋体均处于无应力状态，只有在土体产生一定位移后，方能发挥作用。

（2）加筋土抗力均由加筋体与土之间产生的界面摩擦力提供。

（3）加筋土挡墙面层为预制构件，而土钉面层为现场喷射混凝土。两者的面层较薄，受到的荷载都相对较小，故均对稳定不起主要作用。

两者的不同之处在于：

（1）筋体所受的拉力分布不同，加筋土在坡底的筋体受到的拉力最大，筋体越靠近坡顶，受到的拉力越小；而土钉则是在中间深度的筋体受到的拉力较大，土钉两端的拉力较小。

（2）土钉是一种原位加筋技术，用以改良天然土层，而加筋土能够控制填土性质。

（3）加筋土挡墙中，摩擦力直接来源于筋材和土之间，而土钉支护中，通过灌浆技术使筋材和土粘结。

（4）施工工序截然不同，土钉施工是“自上而下”，加筋土挡墙是“自下而上”。

2. 土钉与土层锚杆的比较

（1）土钉是加固土体用的“加强筋”，没有自由段与锚固段之分，密集设置时形成强度较高的挡土墙，通常称“土钉墙”。锚杆是利用其锚固力“拉住”滑移体，分自由段与锚固段。

（2）锚杆只是在锚固段内受力，而自由端只是传力作用，土钉则是全长范围内受力。因此，两者的受力机理不同，在土体内产生的应力分布不同。

（3）锚杆挡土墙应该设法防止产生变位，可预先张拉；而土钉一般要求土体产生少量位移，从而使土钉与土体之间的摩阻力得以充分发展，一般不张拉。

（4）土钉提供的锚固力较小，锚杆提供的锚固力较大，所以土钉用于较浅的基坑或较矮的边坡支护，锚杆可用于较深的基坑或较高的边坡支护。另外，由于锚杆承受荷载大，在锚杆的顶部需安装适当的承载装置，以减小出现穿过挡墙结构面而发生刺入破坏。

（5）锚杆往往较长（一般为 15～45m），因此需要大型设备来安装。锚杆体系常用于大型挡土结构。而土钉的施工设备较为简单，由于土钉安装密度高 ，单筋破坏后果未必严重，因而施工精度要求没有锚杆高。

（五）设计计算实例

1. 实例 1

某工程的办公楼南侧有一高于建筑物室外标高 3.5m 的黄土陡坡，在其下再开挖基坑深度 4.0m，即整个边坡高度为 7.5m，边坡坡度α=80°，边坡土质为黄土状粉质黏土，天然重度γ=17.6kN/m^3，黏聚力 c=30kPa，内摩擦角φ=27°。对该土钉墙进行设计。

解：国内方法

（1）选取各设计参数。

土钉的长度取边坡高度的 70%，即 5.25m，最后选取 6m。

土钉钻孔直径 d_h，由施工机械而定，本工程 d_h=120mm。

土钉间距可由公式确定，本工程采用一次灌浆工艺，取 K=1.5，并选用 S_x=S_y=1.04，本例取 S_x=S_y=1.0m。

土钉直径可由公式确定，土钉直径选取 d_b=22mm。

（2）土钉结构内部稳定性验算。

根据原位抗拔试验结果，土钉与土间的界面摩阻力为 τ=30kPa。

1）土钉结构面层上的土压力分布由公式求得，如图 7-25 所示。

2）土钉结构内部潜在破裂面计算简图如图 7-26 所示。

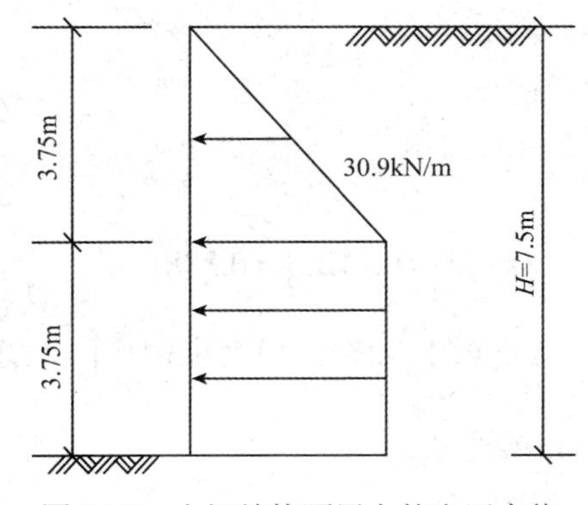

图 7-25　土钉结构面层上的土压力值

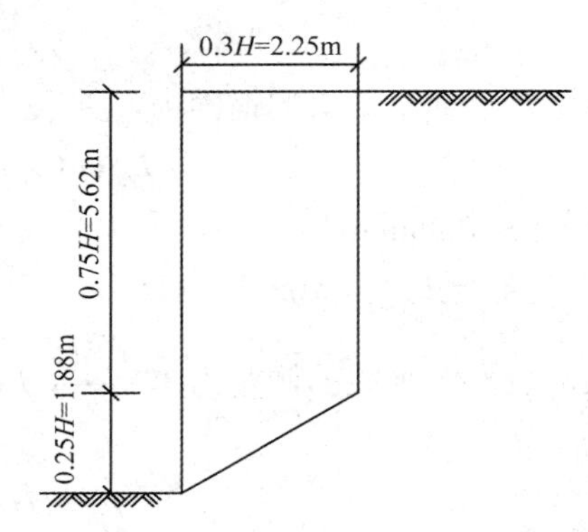

图 7-26　土钉结构破裂面计算简图

3）土钉锚固力按最危险情况验算：

$$F_i = \tau \pi d_h L_{ei} = 30 \times 3.14 \times 0.12 \times (6 - 2.25) = 42.39(\text{kN})$$

$$E_i = qS_x S_y = 30.9 \times 3.14 \times 1.0 \times 1.0 = 30.9(\text{kN})$$

4）抗拔安全系数为

$$\frac{F_i}{E_i} = 1.37 > 1.30 \text{（满足要求）}$$

5）土钉抗拉强度验算。土钉主筋选用热轧钢筋 II 级，其抗拉强度设计值为 f_y=310N/mm^2。为此，在最危险的情况下，土钉抗拉安全系数为

$$\frac{\pi d_b^2 f_y}{4E_i} = \frac{3.14 \times 0.022^2 \times 310 \times 10^3}{4 \times 30.9} = 3.8 > 1.5 \text{（满足要求）}$$

（3）土钉结构外部稳定性验算。

经验算，土钉结构的抗倾覆稳定性、抗滑移稳定性及地基强度均满足要求，此处略。

2. 实例 2

用土工聚合物作拉杆，筑一个高 8m 在无黏性土边坡中挖成的土钉加固边坡。土的内摩擦角 φ=36°，重度 γ=18kN/m^3。坡角对垂线的倾角为 10°，土钉在水平线下面的倾角为 10°，土工聚合物拉杆的短时极限强度为 50kN，徐变试验表明在这一强度下取

安全系数为 3.0 可保证设计寿命 120 年。土工聚合物拉杆的直径为 15mm，其表面摩擦为土的 80%。假定土钉从地面以下 0.5m 开始，各层垂直间距为 1m，试确定土钉的水平间距和长度。

解：Schlosser 方法

$$K_a = \left[\frac{\sin(\beta-\varphi)}{(\sin\beta)^{1.5}+\sin\varphi(\sin\beta)^{0.5}}\right]^2 = \left[\frac{\sin(80°-36°)}{(\sin 80°)^{1.5}+\sin 36°(\sin 80°)^{0.5}}\right]^2 = 0.1981$$

$$K_0 = 1-\sin\varphi$$

不计土钉端部小钻头的锚固力，并取粘结力等于杆身的摩擦压力，则

$$F_N = L_{ei}\tan\varphi\gamma h' d_h\left[2+(\pi-2)K_0\right]$$

由于 $\tan\varphi$=0.8tan36°

$$F_N = L_{ei}\times 0.8\tan 36°\times 18\times h'\times 0.015\left[2+(\pi-2)\times 0.4122\right] = 0.388L_{ei}h'$$

可能破裂面对垂线的倾角为 $90°-\frac{1}{2}(\beta+\varphi)=32°$（图 7-27），滑动土楔形内土钉 L' 为

$$L' = (H-h)\frac{\tan 22°}{\cos 10°}$$

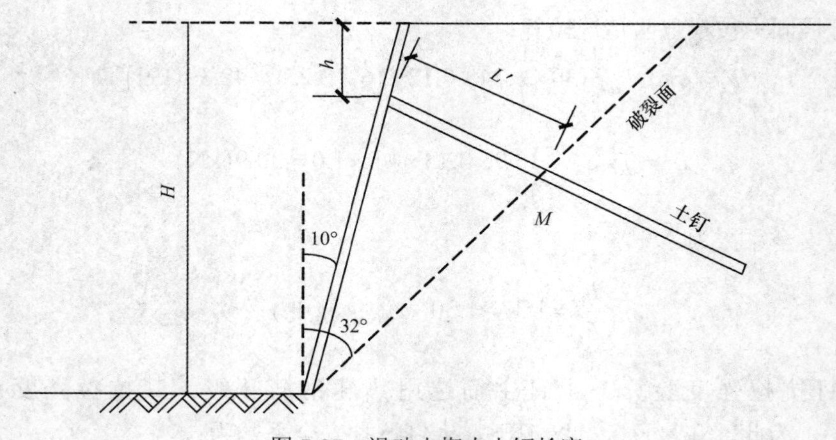

图 7-27 滑动土楔内土钉长度

M 点处土钉的深度为 $h' = h + L'\tan 10°$。设土钉长度为 0.7H=5.6m，得土钉锚固端摩擦力，见表 7-7。

表 7-7　　　　　　　　　　摩擦力计算结果

层位	深度（m）	L'（m）	$h' = h + L'\tan 30°(\text{m})$	$L_{ei} = 5.6 - L'(\text{m})$	摩擦力=0.388$L_{ei}h'$
1	0.5	3.08	1.04	2.52	1.02
2	1.5	2.67	1.97	2.93	2.24
3	2.5	2.26	2.90	3.34	3.76

（续表）

层位	深度（m）	L'（m）	$h'=h+L'\tan 30°(\mathrm{m})$	$L_{ei}=5.6-L'(\mathrm{m})$	摩擦力=$0.388L_{ei}h'$
4	3.5	1.85	3.83	3.75	5.57
5	4.5	1.44	4.75	4.16	7.67
6	5.5	1.03	5.68	4.75	10.07
7	6.5	0.62	6.61	4.98	12.77
8	7.5	0.21	7.54	5.39	15.77
总计					58.77

土钉容许抗拉强度为 50/3=16.67（kN）。因此，如果没有一根土钉的锚固端的摩擦力超过这一值，则竖向单排土钉的总摩擦力等于 58.77kN。

每米宽的侧向土压力为

$$\frac{1}{2}K_{\mathrm{a}}\gamma H^2=\frac{1}{2}\times 0.1981\times 18\times 8^2=114.1(\mathrm{kN})$$

设土钉的水平间距为 0.2m，则每米宽度内土钉排数为 5。所以，抗拔安全系数为：

$$\frac{5\times 58.87}{114.1}=2.6>2.5\text{（满足要求）}$$

土钉的最大拉力为：

$$T=K_{\mathrm{a}}\gamma h_{\mathrm{m}}S_x S_y=0.1981\times 18\times 7.5\times 0.2\times 1.0=5.34(\mathrm{kN})$$

所以，抗拉安全系数为：

$$\frac{50}{5.34}=9.35>3.0\text{（满足要求）}$$

3．实例 3

×××煤矿生产调度楼位于陡坡边缘，由于场地限制及生产工艺要求，需要切成一个陡坡，陡坡的垂直高度 H 为 10.2m，长度近 40m，坡脚α为 80°，且是一坡到底。边坡的土质为黄土粉质黏土，土质较均匀。其主要的物理力学指标列于表 7-8 中。

表 7-8　　　　　　　　边坡土的主要物理力学指标

指标	含水量	重度	孔隙比	塑性指数	液性指数	内摩擦角	黏聚力
采用值	15.0	17.6	1.01	11.7	0	23	15

天然土坡的稳定性验算得出的土坡稳定安全系数为 0.9，不能满足工程要求，因而决定采用土钉支挡体系。

土钉采用钻孔注浆型，间距为 1.2m，土钉长 9m，采用ϕ25mm 的螺纹钢筋作土钉。

采用原位抗拔试验测定土钉的极限界面摩擦阻力，试验结果见表 7-9。

同时，对该工程进行了变形监测工作，其结果列于表 7-10 和表 7-11。

表 7-9　　实际土钉的极限界面摩阻力

垂直压力（kPa）	土钉直径（mm）	土钉长度（m）	极限抗拔力（kN）	摩阻力（kPa）
55	120	3	58	52.1
63	120	3	61	53.9
83	120	3	62	54.8
83	120	7	142	52.0
85	200	7.1	237	53.2
85	200	4.28	146	54.3
88	200	10	340	54.1
95	100	9	150	53.1
124	200	9	302	53.4
128	200	9	306	54.1

注：采用一次压力注浆施工法。

表 7-10　　坡顶面垂直变形

测点编号	N_0	N_1	N_2	N_3	N_4
测点间距/m		1	1	1	1
垂直变形/m	2.54	2.50	1.80	0.00	0.00

表 7-11　　坡面水平变形

测点编号	测点间距（m）	水平位移δ（mm）	$\frac{\delta}{H}\times10^{-3}$
N_0		6.90	0.7
N_5		8.00	0.8
N_6		2.00	0.2
N_7		1.00	0.1
N_8		0.00	0

土钉的极限界面摩阻力离散型很小，表明施工质量良好。

该土钉墙已使用 10 年，性能良好。

六、树根桩法

树根桩是在地基中设置的直径为 100～300mm，长径比大于 30，采用螺旋钻成孔、强配筋和压力注浆工艺成桩的就地灌注桩，又称为小直径或微型桩。树根桩是采用钻机在地基中成孔，放入钢筋或钢筋笼，采用压力通过注浆管向孔中注入水泥浆或水泥砂浆，形成小直径的钻孔灌注桩，主要应用于荷载较小的中小型工业与民用建筑，不仅适用于新建工程的地基处理，也适用于现有工程的基础托换与加固，特别适用于施工场地狭窄、低矮的作业现场。

树根桩的应用范围主要有：

（1）由于上部荷载的增加，导致建筑物地基、基础承载力不足；

（2）由于设计或施工等原因，导致建筑物发生不均匀沉降；

（3）市政工程穿越建筑物基础下部土层，为防止建筑物发生不均匀沉降；

（4）边坡加固、地基加固等。

（一）树根桩法设计计算

树根桩加固地基的设计计算与其在地基加固中的效果有关。树根桩的设计应符合以下规定：

（1）桩径。树根桩的直径一般为 150～300mm。

（2）桩长。桩长一般控制在 30m。

（3）桩的布置。桩的布置可采用直桩型或网状结构斜桩型。

（4）单桩竖向承载力。树根桩的单桩竖向承载力的确定，应综合考虑既有建筑的地基变形条件的限制和桩身材料的强度要求，由单桩载荷试验确定。当无试验资料时，也可按《建筑地基基础设计规范》（GB 50007—2011）有关规定估算。当桩作为承重桩，可按摩擦桩设计，按下式计算单根桩竖向极限承载力：

$$Q_{\mu k} = Q_{sk} + Q_{pk} = \mu \sum q_{sik} l_i + q_{pk} A_p \quad (7\text{-}42)$$

式中 $Q_{\mu k}$——单桩竖向极限承载力标准值（kN）；

Q_{sk}——单桩总极限侧阻力标准值（kN）；

μ——桩身周长（m）；

q_{sik}——桩侧第 i 层土的厚度（m）；

l_i——桩穿越第 i 层土的厚度（m）；

q_{pk}——极限阻力标准值；

A_p——桩端面积（m^2）。

（5）复合地基承载力计算。当树根桩作为复合地基时，复合地基承载力为：

$$f_{spk}=m\frac{R_a}{A_p}+\beta(1-m)f_{sk} \tag{7-43}$$

式中 f_{spk}——复合地基承载力特征值（kPa）；

m——面积置换率，$m=d^2/d_e^2$；

d、d_e——桩身平均直径、一根桩分担的处理地基面积的等效圆直径（m）；

R_a——单桩竖向承载力特征值（kN）；

β——桩间土承载力折减系数，取经验值，无经验值可取 0.75～0.95；

f_{sk}——处理后桩间土承载力特征值（kPa），按地区经验取值，如无经验时，可取天然地基承载力特征值。

（6）桩身。桩身混凝土强度等级应不小于 C20，钢筋笼外径宜小于设计桩径 40～60mm。主筋不宜少于 3 根。对软弱地基，主要承受竖向荷载时的钢筋长度不得小于 1/2 桩长；主要承受水平荷载时应全长配筋。

（7）树根桩设计时，尚应对既有建筑的基础进行有关承载力的验算。当不满足上述要求时，应先对原基础进行加固或增设新的桩承台。

（8）树根桩承受水平荷载。树根桩与土形成挡土结构，承受水平荷载。对于树根桩挡土结构，不仅要考虑整体稳定，还应验算树根桩复合土体内部的强度和稳定性。

（二）树根桩法施工注意

（1）可采用钻机成孔，桩位平面允许偏差±20mm。

（2）钢筋笼宜整根吊放。

（3）注浆管应直插到孔底，注浆材料可采用水泥浆液、水泥砂浆或细石混凝土，当采用碎石填灌时，注浆应采用水泥浆。注浆施工时应采用间隔施工、间歇施工或增加速凝剂掺量等措施，以防止出现相邻桩冒浆和串孔现象。树根桩施工不应出现缩颈和塌孔。

（4）拔管后应立即在桩顶填充碎石，并在 1～2m 范围内补充注浆。

（三）树根桩法工程案例分析

（1）×××粮食局米厂在市区城北建造一幢三层大米车间和一幢单层粮库，建筑面积分别为 33.24m×8.74m、33.24m×13.24m，均为框架结构，基础大多为柱下条形基础，基础宽度 1.0～1.6m 不等。两幢建筑物相距仅 3m，两侧基础相连接。锅炉房位于其西侧 10m 处，建筑面积为 13.74m×5.54m，为框架结构（图 7-28）。

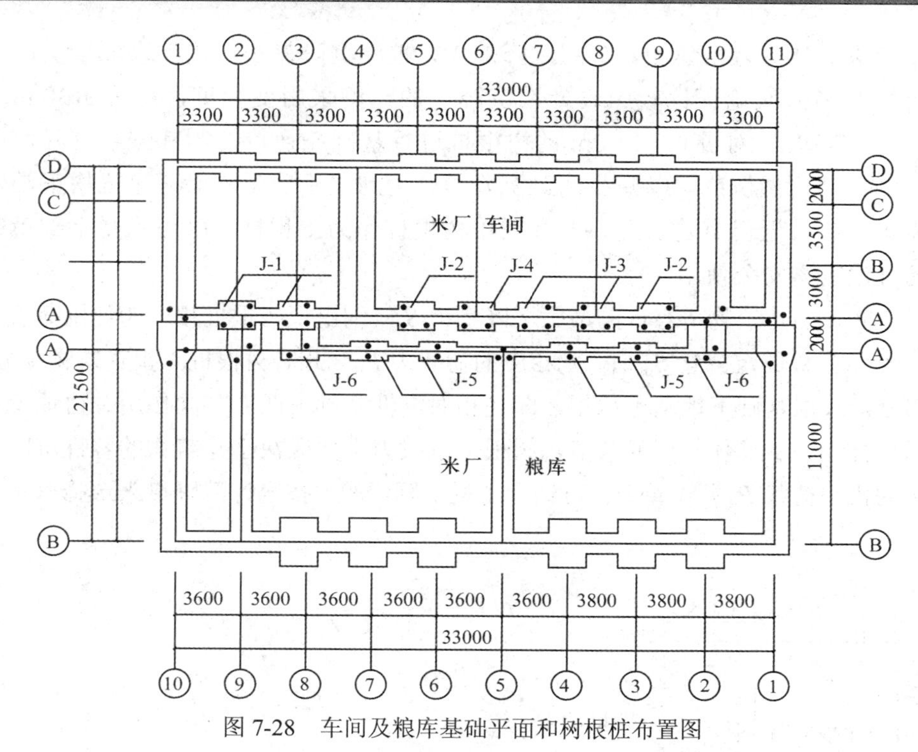

图 7-28 车间及粮库基础平面和树根桩布置图

根据《×××粮食局米厂岩土工程勘察报告》，各土层工程地质特征自上而下分述如下：

① 塘碴：杂色，松散，由人工填积而成，成分以碎石为主，局部分布。

② 粉质黏土：黄褐色，可塑状，湿度饱和，中等压缩性，由黏粒、粉粒组成，全场分布。

③ 淤泥质黏土：流塑状，湿度饱和，高压缩性，全场分布。

④ −1 黏土：软塑状，湿度饱和，高压缩性，全场分布。

④ −2 粉质黏土：可塑状—硬可塑状，湿度饱和，中等压缩性，全场分布。

⑤ 砾砂：密实状，湿度饱和，中偏低压缩性，全场分布。

上述各土层的厚度、力学性质指标见表 7-12。

表 7-12　　各土层厚度、力学性质指标

土层名称	厚度（kPa）	桩周土摩阻力标准值（kPa）	桩端土承载力标准值（kPa）	地基土承载力标准值（kPa）
① 塘碴	0～0.70			
② 粉质黏土	1.80～2.90	10		120
③ 淤泥质黏土	5.90～7.30	6		60
④ —1 黏土	0.40～1.30	20		180
④ —2 粉质黏土	0.70～2.20	30	700	300
⑤ 砾砂	未揭穿	35	1500	400

（2）加固方案选择。

根据目前米厂车间和粮库的沉降观测结果，两幢建筑物均有不同程度的不均匀沉降，沉降量的一侧均为相邻侧，车间沉降差大，粮库沉降差小，鉴于以上事实以及沉降原因分析，经多方案论证比较，设计在沉降大的一侧采用变径桩，桩径ϕ130mm 变至ϕ170mm（图 7-29），对桩长 12.50m 的树根桩进行基础托换，控制其继续沉降，而建筑物的另一侧让其自然沉降，以减少两侧沉降差，达到沉降稳定，保证建筑物正常使用的目的。锅炉房因靠近已有建筑物，同样采用树根桩作为工程桩，既可承受上部荷载，又可保证已有建筑物安全使用。

如图 7-30，当建筑物所容许的最大沉降量为 S_a，则单根树根桩相应的使用荷载为 P_a，当建筑出现小于 S_a 的沉降量 S_m 时，则相应的荷载力 P_m，此时树根桩承担建筑物部分荷载，而另一部分荷载由基础下地基土承担，即在相对刚性基础下两者共同作用并协调变形，体现刚性桩复合地基中桩体作用的效能，树根桩承载力主要取决于建筑物的容许沉降量，比 P_a 大得多的极限荷载 P_u 并不重要，可结合工程实际经验，按容许沉降量来选择桩土荷载分担比例。

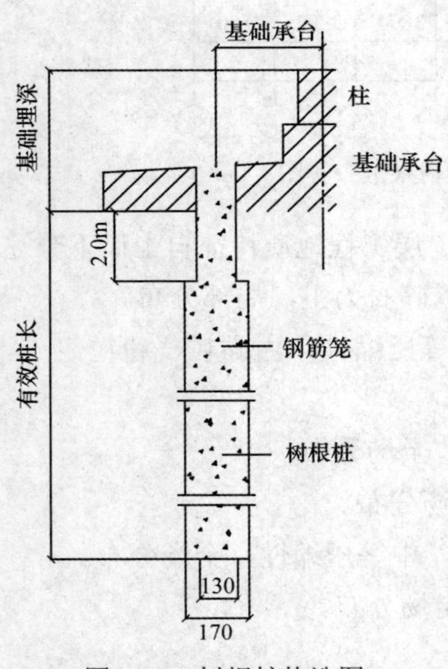

图 7-29　树根桩构造图

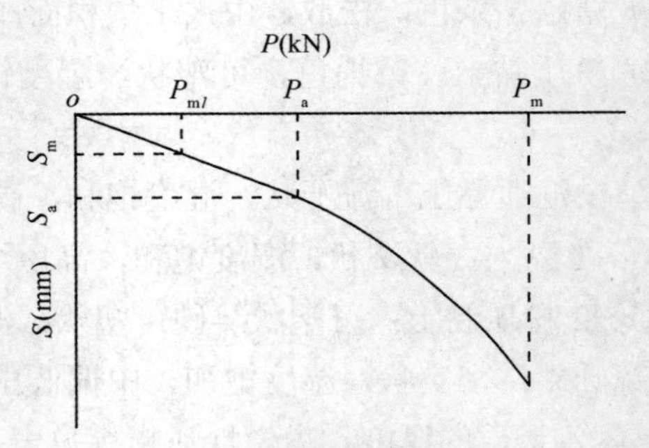

图 7-30　树根桩荷载试验曲线

（3）树根桩设计计算。

1）根据《×××粮食局米厂岩土工程勘察报告》计算单桩竖向承载力。

J4 号孔单桩竖向承载力计算：桩长 12.40m，桩尖进入⑤号层 0.50m。

$$R_k = \pi d \sum L_i q_{si} + A_p q_p = 110.26(\text{kN})$$

式中　d——桩身的直径；

q_{si}——单位面积桩侧摩阻力；

A_p——桩端面积；

q_p——单位面积桩端阻力。

J5 号孔单桩竖向承载力计算：桩长 12.50m，桩尖进入⑤号层 0.50m。

$$R_k = \pi d \sum L_i q_{si} + A_p q_p = 110.69(\text{kN})$$

由上述计算可得，单桩竖向承载力设计值可取 110kN。

2）建筑物总荷载。

$$N=45.1\times5\times5.3+52.7\times2\times13.5=2618.05\text{（kN）}$$

3）经计算，锅炉房共需布设树根桩桩数：$n=\dfrac{N}{R_k}=\dfrac{2618.05}{110}=24(\text{根})$

（4）树根桩基础托换设计计算。

柱荷载：

$$R_k = S \cdot N$$

式中 S——单柱面积；

N——单柱承载力。

1）车间 J-1 承台单柱荷载：R_k=1.8×2.2×130=514.80（kN）

2）J-2、J-3、J-4 承台单柱荷载：R_k=2×2.3×130=598（kN）

3）J-5 承台单柱荷载：R_k=2.4×3.0×70=504（kN）

4）J-6 承台单柱荷载：R_k=2.4×3.57×70=599.76（kN）

由上计算可知树根桩单桩承载力设计值为 110kN。

桩土分担比计算为 $nR_a:(R_k - nR_a)$

式中 n——承台下桩数；

R_a——单桩承载力；

R_k——承台单柱荷载。

1）J-1 承台桩土分担比：3×110∶（514.80–3×110）=330∶184.8=1.8∶1

2）J-2、J-3、J-4 承台桩土分担比：3×110∶（598–3×110）=330∶268=1.2∶1

3）J-5 承台桩土分担比：2×110∶（504–2×110）=220∶284=1∶1.3

4）J-6 承台桩土分担比：2×110∶（599.76–2×110）=220∶379.76=1∶1.7

（5）经计算，满足要求。

（6）树根桩加固施工。

1）成孔：

① 按施工图定出桩位，然后钻机就位，安装平稳，钻孔垂直度偏差不超过 1%。

② 先利用ϕ146mm 加密合金钻头钻取基础钢筋混凝土及其下的卵石层，然后下入ϕ146mm 套管，并利用ϕ130mm 合金钻头消除孔内剩余的卵石，最后换用ϕ170mm 偏心钻头钻进直至终孔。

③ 根据各土层的不同特性控制好钻进压力、转速和冲洗液泵量，并采用泥浆护壁。

2）灌注：

① 按设计要求制作钢筋笼，成孔后及时吊放钢筋笼，缓缓下沉至孔底。其中室外桩的钢筋笼一次性焊接而成，同一截面内主筋接头不超过主筋总根数的 50%，且双面焊接，搭接长度为 10cm；而室内桩的钢筋笼分为 4.5m、4.5m 和 4.0m 三节，分节孔口双面焊接，搭接长度为 20cm。

② 分节埋设注浆管，共计 14m 长，注浆管离孔底标高 10cm，然后进行清孔。

③ 根据设计要求灌入碎石、瓜子片和细砂，同时采用 PO42.5 普通硅酸盐水泥制备水泥浆液，水灰比 0.6∶1。

④ 利用 UBJ-2 型挤压式压力泵自下而上均匀灌注水泥浆，同时对注浆管进行不定时上下松动，桩顶部石子有一定数量沉落，应逐步补充碎石至基础底板顶面，直至浆液完全溢出孔口为止。由于相邻桩位间距较近，故采取了分序加密跳打的措施，避免钻孔、注浆时发生穿孔事故。

参 考 文 献

[1] 叶书麟，叶观宝. 地基处理（第二版）[M]. 北京：中国建筑工业出版社，2004.

[2] 刘永红，姚爱军，周龙翔. 地基处理[M]. 北京：科学出版社，2005.

[3] 地基处理手册编写委员会. 地基处理手册[M]. 北京：中国建筑工业出版社，2001.

[4] 刘起霞. 地基处理[M]. 北京：北京大学出版社，2013.

[5] 贺建清，万文. 地基处理[M]. 北京：机械工业出版社，2008.

[6] 左名麒，刘永超，孟庆文. 地基处理实用技术[M]. 北京：中国铁道出版社，2005.

[7] 薛虎成，王进东，张应奎，李明. 爆破挤淤填实法[J]. 企业技术开发，2011，30(2): 157-158.

[8] 袁德超. 公路路基处理方法及挤密砂桩法的运用[J]. 科技信息，2011(5): 266-269.

[9] 范志强. 堆载预压法在工程实践中的应用及设计要点[J]. 科技风，2011(11): 168.

[10] 张存远. 某电厂塑料排水板软基处理施工工艺[J]. 世界家苑，2013(6): 56.

[11] 王勇，徐烈等. 浅谈真空堆载联合预压加固软基法在高速公路中的应用[J]. 科技与生活，2010(4): 83.